家，不用重新裝潢就有風格

讓住慣雜亂的家能華麗變身的設計提案 100

室內設計諮詢師
川上雪（Yuki Kawakami）

翻譯
張景威

前言

將住了幾年已經習慣的房間內的物品聚集起來，
發現能改造的事已經了了無幾，
大家也是這樣覺得嗎？

「喜歡有關家的物品，看著室內設計的圖片、
到傢飾店時總是感到興奮，
總想著有天要把家裡弄得漂漂亮亮。
然而……傢具、窗簾、收納用品家裡都已經有了，
不可能再買，接下來大概就剩下收納而已了，
如果不重新裝潢的話，什麼都改變不了吧？」

這本書是為了喜歡自己的家，
但對改變現況呈放棄狀態的「住慣族」而生，
告訴你現在開始也來得及的室內設計技巧。
跟隨室內設計諮詢師的腳步稍微修改，
就能令客廳添加嶄新魅力（而且只要一下下！）
和消除在收納後揮之不去生活感，
讓平凡的房子變得亮眼。

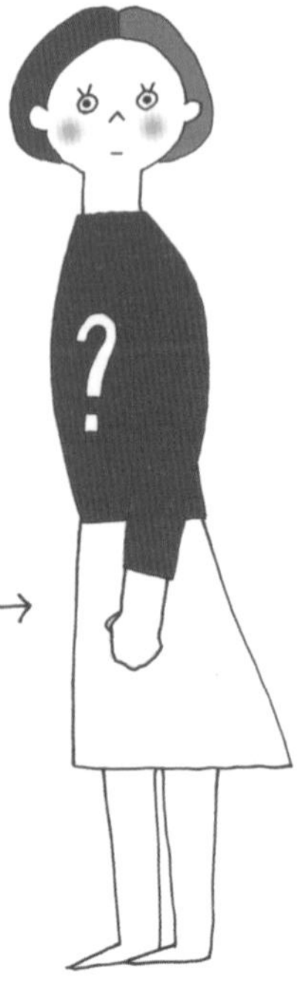

接受 before/after
改造的果夏小姐 →

寫於本文之前的二三語。

正因為是已經住習慣的家，
才想要改變家裡的氣氛，
但因為生活忙碌而無法悠閒改造，
而且價錢也不便宜……。

我特別將身邊許多「住慣族」的聲音集結起來書寫成冊，
設計工作室的攝影和室內設計的圖片雖然賞心悅目，
但總覺得像別人的事一樣有著距離感。
因此這次為了讓大家感覺更貼近自己，
以before/after的方式實際改造居住在市內
獨棟樓房果夏小姐家，
在讓人感到親切的房子內掀起大小的變化，
請一定要邊閱讀邊思考自身的狀況，
絕對會讓你從瞌睡中清醒，
像是被火燒屁股般擁有衝動立馬想要也改看看。

住在現在的家4年以上

「住慣族」的室內設計煩惱

超喜歡的客廳
也因為看膩
而顯得一成不變。

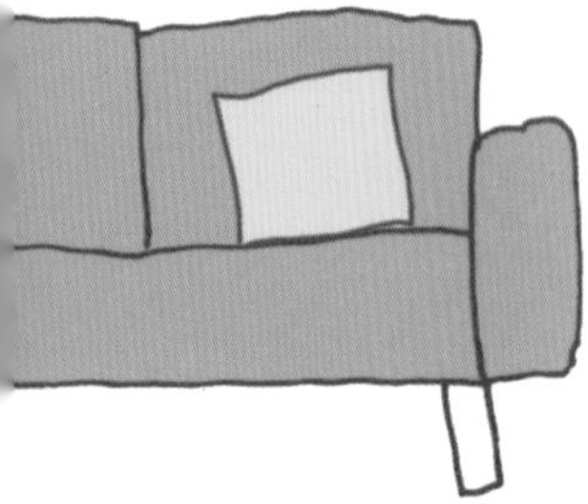

「哎～算了」
是最近的口頭禪，
搬家時的熱情
跑到哪去了？

總是想著該整理不可，
但放任多年的
「那個房間」。

每年增加的
比起美感，
更甚者是凌亂感？

無法接受……
沒有終點、我的家。

想要增添時尚感，
但為要增加物品
感到煩惱。
結果，什麼～
也沒做啊。

這本書是告訴像這樣的「住慣族」們
「現在開始也可以的室內設計IDEA」。

目錄

1 首先來改造一下客廳吧！

2 遮住生活感讓LDK閃耀光芒

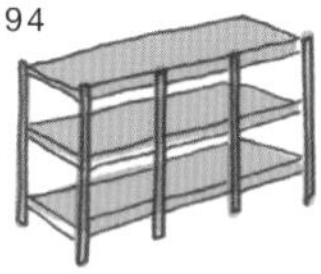

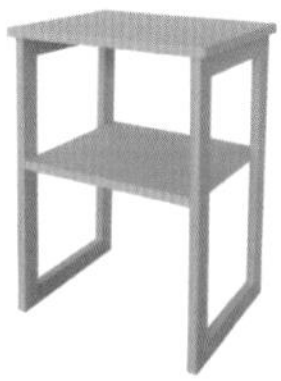

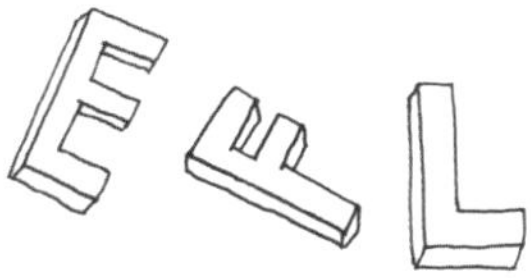

Q&A

Interior Column

打擾了～～～

1

首先來改造一下客廳吧！

看膩的客廳只要經過巧妙地改變，每日的生活將展現朝氣。不僅有了「邀請朋友來玩吧！」這樣的積極想法，原本不情願做的家事也一點一點動了起來。什麼能比「原來還能變得更好啊」，知道家裡有被改造的可能性還要更開心的事呢。這裡介紹的是傢具和設計不變，只要稍微調整就能讓空間氛圍改變的方法。而且裡頭許多改造技巧，不管是誰的房子只要踏出一步就能實現。

Prologue

需要的不是減法而是「加法」

這裡是果夏小姐的家，
從入口就能看到客廳。
「那邊的玩具，還有吧檯也亂糟糟，
實在是很難整理啊！」
雖然她這麼說，
但其實相當整齊，
依我來看，
整理並不是什麼大問題，
因此我說：
「果夏小姐的家現在需要的不是減法，
反而是加法。
而且如果房間給人的印象改變，
小問題就會被忽略進而產生滿足感。」

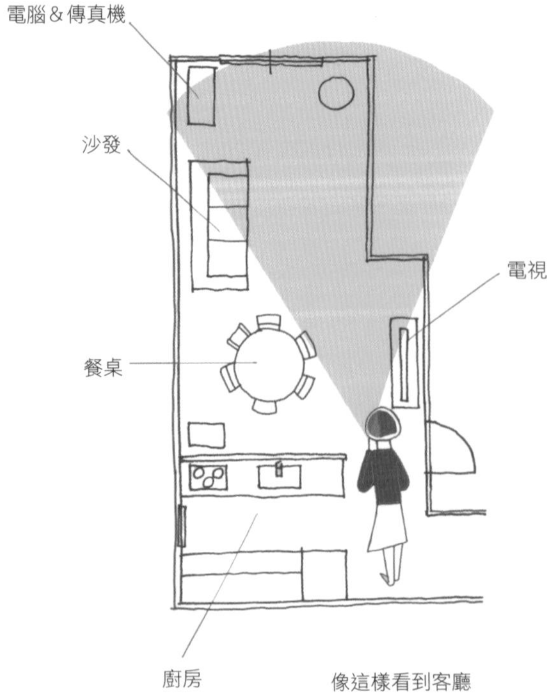

像這樣看到客廳

從大門入口看向客廳，比本人說的還要整齊。

Prologue

只加了一個地方 客廳就改變了

在那天談話結束，開始動工兩天後，
原本之前還苦著一張臉說：
「非整理不可……」的果夏小姐
在明亮且重返往日光彩的客廳中，
也興奮起來：「啊，明明是那樣的房子，
原來加法是這樣啊！」

「改變室內設計」聽起來很困難，
但其實有只改變一個地方，
感覺就會大為改觀的方法。
這裡需要的，不是大量的點子或是很好的品味，
而是找到「有效果的地方」。
這是誰都可以做到的方法，
請大家一定要試試看。

將牆壁上色，放上畫與板凳，這就是「加法」。雖然電視後面有著蓬蓬的電線，但這正是可愛之處呀！空間給人的感覺也大為改變。

Lesson #001

快點！把你家的「這裡」改變一下！

最適合改造的就是站在大門入口一開始看到的地方。這裡是決定空間第一印象的決勝區。

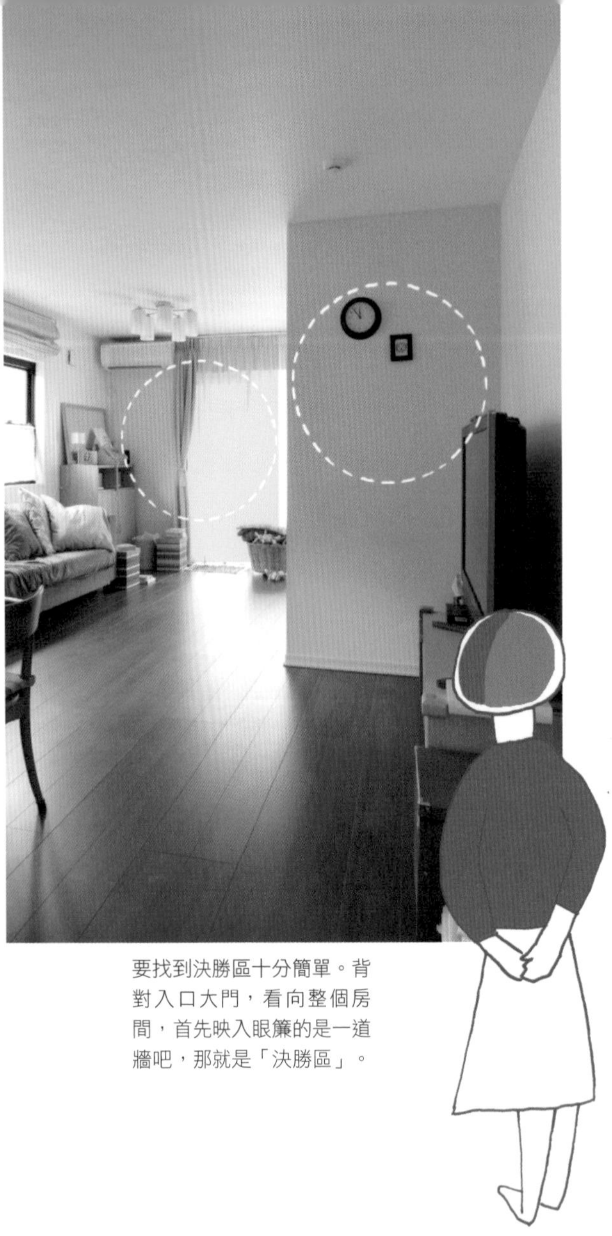

要找到決勝區十分簡單。背對入口大門，看向整個房間，首先映入眼簾的是一道牆吧，那就是「決勝區」。

只要第一印象好，就會覺得這是間好房子

請想像一下去拜訪果夏小姐的家時，當門一打開，那面綠色的牆映入眼簾，「哇～真棒」會這麼想對吧？接著走進去裡面的客廳，但剛剛一開始的好印象就這樣留下來了吧。

因此如果對房子留有好的第一印象，將會一直延續，連其他的地方也會覺得十分美好。

傳達變化讓印象大為改觀

所以，各位的家中也是，沒有必要將房子全部改造，只要將決定第一印象的地方變得美觀就可以了。只要讓一入眼之處令人讚嘆，就能讓房子整體印象加分。這樣讓視線聚焦的地方，在室內設計用語中叫做「Focal point」，在這本書就是房子的「決勝區」，不管是哪裡的房子絕對都有這個地方，現在立馬起身找一下吧。

你家的決勝區在哪裡呢？

直長形客廳

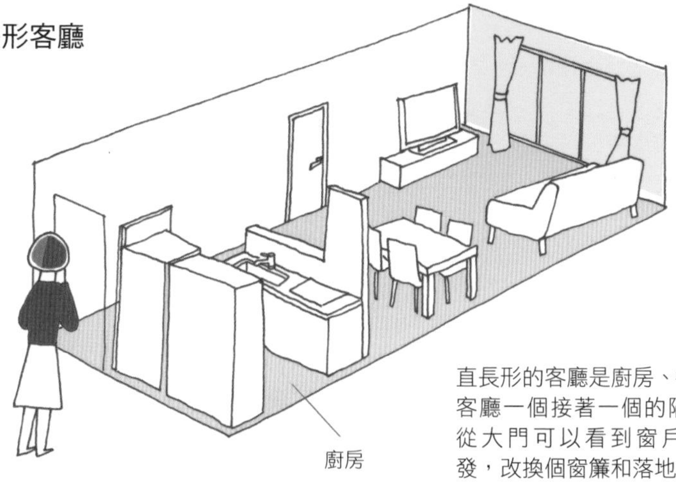

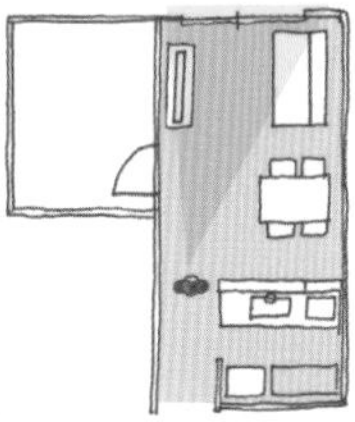

直長形的客廳是廚房、餐廳、客廳一個接著一個的隔間。從大門可以看到窗戶和沙發，改換個窗簾和落地燈。

開放式公共區

和廚房緊密相連的 LD（譯註）格局。從大門所看到的是餐廳的牆壁。掛上畫讓視線集中。

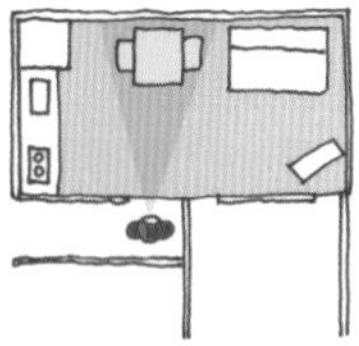

寬長形客廳

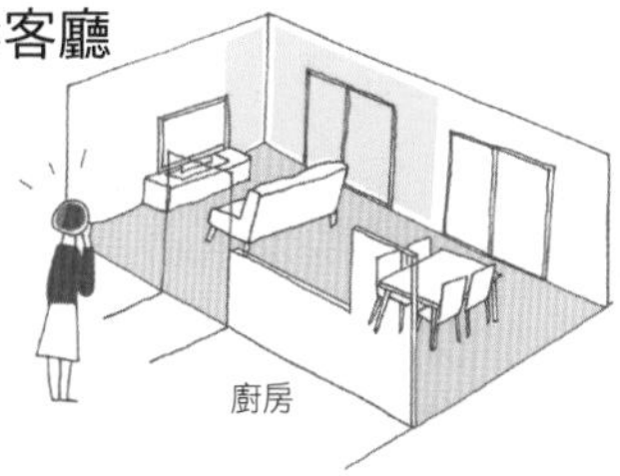

左右分別是餐廳與客廳的格局，從大門能看到的是落地窗，加上盆栽或窗簾吧。

變形的客廳

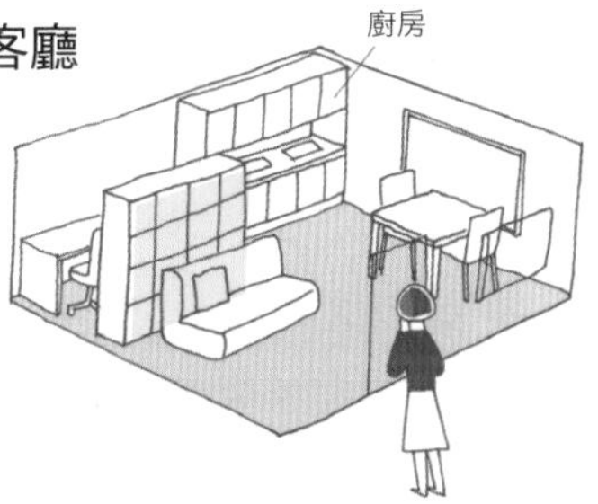

獨棟或是自建住宅有著特殊隔間也一樣。從大門進來看到的是沙發，換個抱枕瞬間變得華麗。

套房

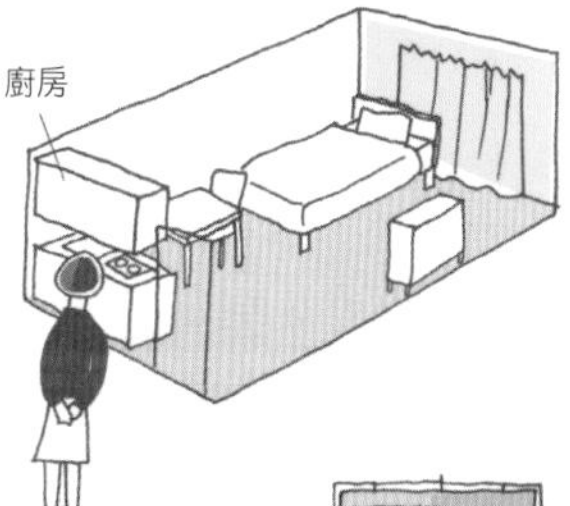

即使是套房，從大門正面所看到的地方就是「決勝區」。地板空曠的話就鋪上地毯吧。

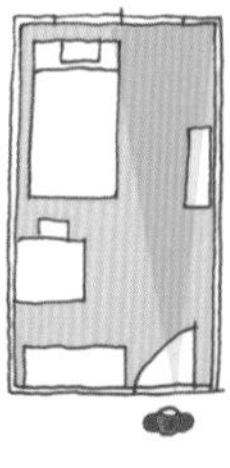

譯註：LD：客廳（Living）、餐廳（Dining）

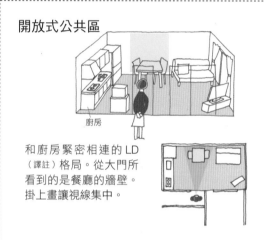

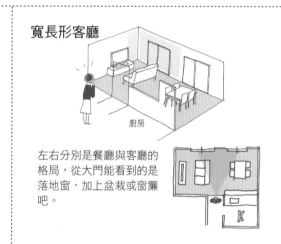

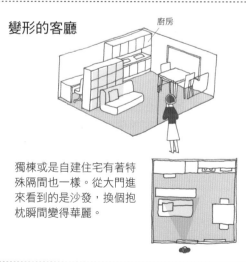

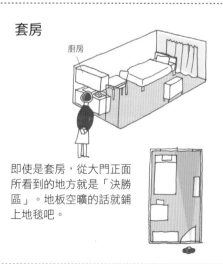

Lesson #002

縮小場域，置入大物品就能俐落的改造空間印象

可以避免這樣的事……

雖然想買，但我也不確定。

買了但沒什麼感覺。

1. 確認決勝區

改造的訣竅就是之前所說的「決勝區」。因為是容易傳達變化的地方，所以即使只有一處，房子的印象也能被改變。

2. 討論物品

如果是植栽和地毯等大件的物品，從遠處就能看到變化，只有一兩項也能有效果。

3. 實作

加上物品就完成囉。因為縮小地點的關係，並不用花太多時間與金錢，就能快速改造空間印象。

選擇喜歡的物品

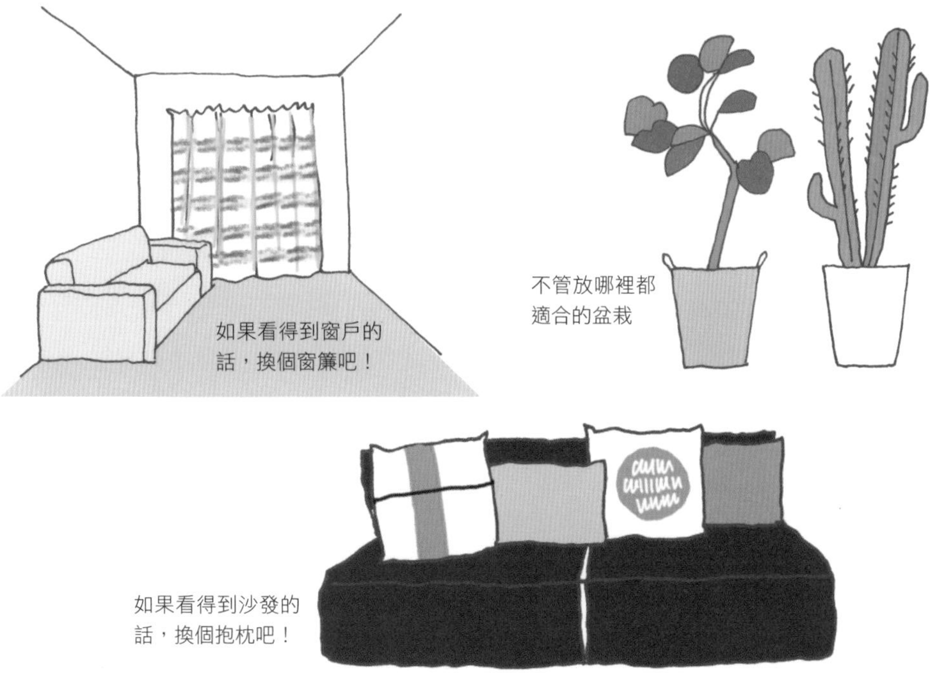
如果看得到窗戶的
話，換個窗簾吧！
不管放哪裡都
適合的盆栽
如果看得到沙發的
話，換個抱枕吧！

讓忙碌的「住慣族」找到可以快速改變的方法

大多數的「住慣族」們每天都非常忙碌，回到家想放鬆之際，還沒完成的事又一件一件冒出來，沒有休息的空閒。正因為要在僅存的時間改變，必須要有迅速且有效的方法，而且因為很忙，很難將房子的全部都改變，但如果只是改一小部分，一成不變的感覺並不會消失。

比起一點一點的改造還不如迅速讓感覺改變比較好。

在這裡我將介紹以往從事搭配工作所使用的「決勝區」方法。

在房間內先找到醒目突出之處，僅是將這一個地方改造也能馬上看見效果。

不一定要買新的東西，就算只是移動物品也ok。

首先先感受變化，希望這能讓你們得意的笑著說：「我家果然很棒呢！」

How to #001

先放一棵超過120公分的綠色植物

找到客廳的「決勝區」之後，趕快來放點什麼吧！最適合初學者，不管什麼房子都不會失敗的無敵利器就是大型盆栽。

重點

因為大而釋放存在感

大型盆栽從遠處看來就有如擺飾般具有存在感，僅僅只是擺放著，空間感受就從「普通」變得「有點特別」，就像小小的自然來到般感到心情愉悅，比起說是增加了什麼不如說像是有了新夥伴的感覺。

選擇

以細長與圓形葉子為基準

樹種可以依個人喜好而定，而我對於樹葉形狀的選擇則有所基準。當牆壁空著又希望能營造柔和氛圍，可以選擇愛心榕這類圓形葉的植物；想展現氣勢時則可以選擇絲蘭這類細長葉形。

當盆子大小充足，份量感也增加了。

當盆子過小，整株盆栽看起來就十分寒酸。

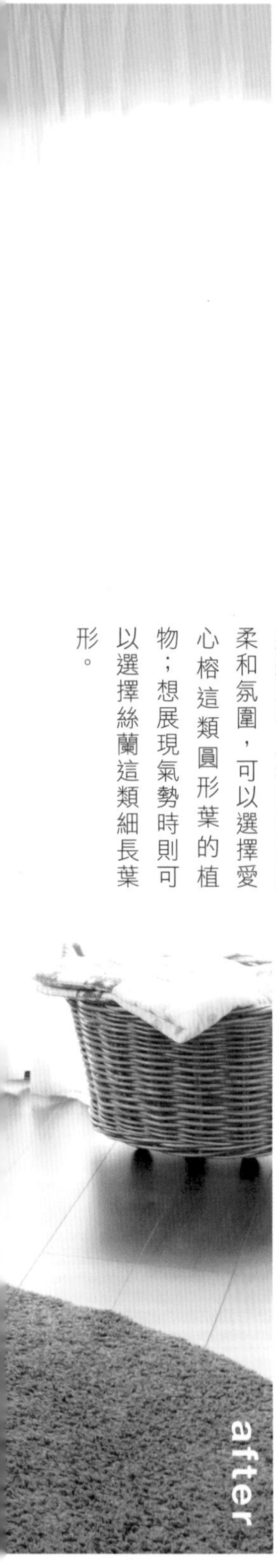

在客廳內側擺放號稱有著不敗人氣的愛心榕，高150公分。順便一提，果夏小姐說他的花語是「永遠的幸福」。其他如鏽葉榕、密集圍涎木、鶴望蘭、絲蘭也十分受歡迎。

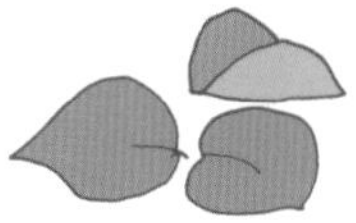

圓形葉，愛心榕、鏽葉榕等。

細長葉形，絲蘭、鶴望蘭、密集圍涎木等。

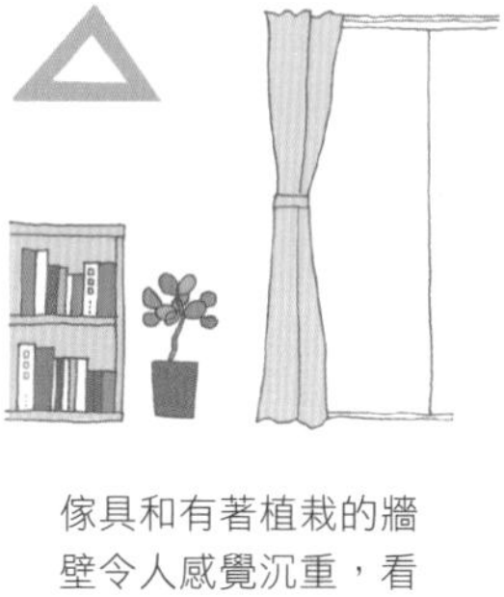

傢具和有著植栽的牆壁令人感覺沉重，看不出漂亮之處。

在牆壁空曠處擺上植栽，成為視線焦點。

開始

猶豫的人必看！在這裡決定SIZE

說到適合房子的植栽，需要注意的是「高度」。太低的話，電視和傢具將變得沉重，而且也看不太到葉子，植物的魅力被消減大半。在牆壁空著的部分填上植物能使空間達到好的平衡，所以測量空著的牆壁高度，就能決定植栽的大小喲。

How to #002

不失敗的窗簾圖案

一改變窗簾的花樣，就如同景色瞬間改變般，家裡一下子亮麗了起來。但是……選擇窗簾花樣的難度實在太高了，這樣的反應很多。在這裡不動原本的遮光窗簾，只換掉內層的薄紗窗簾的花樣即可。

開始

確認店面所陳列的窗簾

窗簾賣場一定有薄紗窗簾（也被稱作蕾絲窗簾）系列。首先這裡先來確認大花款式。如果是Marimekko（譯註）的話，可以選擇白底白色花樣的薄紗窗簾。

盡頭可看到窗戶的格局。

果夏小姐家也掛著美麗的遮光窗簾。

選擇

直條紋巧妙的融合

日本的住家因為牆壁是白色，窗戶也是四邊形的關係，和有如框線般的花紋十分相襯而能完美搭配。

重點1

推薦薄紗窗簾的理由

薄紗窗簾的透明感和全白的牆壁容易相襯，加上花紋則能帶來和緩的變化。和普通的窗簾、牆壁或是同樣白底的花紋也十分好搭配。（照片，下右）

重點2

也可以只買布料自己安裝

照片所使用的是織品品牌「ieno textile」的「ALDI」，因為是在代官山的店裡買的布，所以將兩側縫起（或是可以用熨斗貼布處理），加上窗簾夾就能馬上使用。

譯註：芬蘭織品、服裝品牌。

「就算是這麼大的花紋也沒關係喲，倒不如說這樣的大小反而更好呢！」果夏小姐說。

ITEM LIST

窗簾布：「ALDI」 FR1022白／ieno textile

How to #003

只要有一幅大的畫就足夠

如果牆壁空著的話，請試著掛上畫吧！
房子將散發知性的氛圍與成熟的餘韻。
特別是大幅的畫作，更是讓視線聚焦的最好方法。
一旦掛上後，不需要其他東西就能擁有強烈的存在感。
雖然說選畫好像很困難，
但也有初學者就能簡單入手的畫。

牆壁和畫的比例6：4左右就會讓人有「哇～好棒啊！」的魄力視覺。

果夏小姐家在牆上下的工夫。Marimekko的布裝入IKEA的畫框中。

只有字母的海報

具有視覺美感及合適價格而受歡迎的外國海報。字母讓房子感覺帥氣，是不太會失敗的一種選擇。「House Docter」的「g」。

如果需要控制預算

私人物品。將義大利的傢具品牌「卡佩利尼」的舊型錄放進IKEA的畫框裡。裝框之後，即使只是型錄也高級了起來。

如果想要畫作就用抽象畫吧

雖然人像、動物或是具體主題的畫作想要和手邊的東西搭配很難，但和緩的抽象畫倒是十分適合。
於「All Posters」購入。

開始

不被房間所掩蓋，放上大型的畫作吧

東西很多的房子裡，小型畫作的存在感將被掩蓋，我建議使用A4大小以上的畫作。首先從在牆上放上A4的紙確認大小開始吧。

選擇

選擇無人像的抽象畫

比起人像或是擁有具體主題的畫作，和緩的抽象畫或是字母畫作容易與空間搭配，而留白多的畫和牆壁容易相襯也比較不會失敗。

俐落的主題和大量的留白，為房子帶來寧靜與剛剛好的緊繃感。不是複製畫，而是使用畫家的作品更是魄力十足。當打開門見到畫時，就讓人沈靜下來。

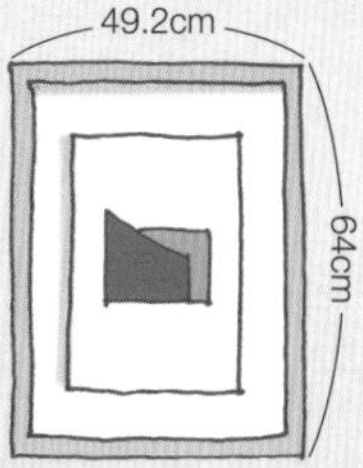

ITEM LIST

畫：「Blocks-18」黑木周／IDÉE (Size長64X寬49.2X厚3.5公分)

Lesson #004

在空曠的地板鋪上地毯就十分完美

地板空洞洞，沒來由的散發出寂寞的氛圍，當鋪上地毯後就能從腳底開始確實感受安穩，雖然看似沒什麼卻能提升空間完整度。特別是鋪在沙發前面，就像穿上正式服裝般增添格調，讓普通的客廳更為完整。

重點

空曠與否的標準是走三步

不放東西，徹底整理的房間很容易變得空曠。空曠與否的標準，大概是2公尺以上（步伐三步左右）。沙發前如果出現這樣大小的空地，請考慮鋪上地毯吧。

因為空曠而讓人感覺淒涼的客廳

選擇

擁有豐富種類可配合素材與房間做選擇

地毯色彩、材質、大小種類豐富。素色地毯，可以選用長毛款式做變化。圖案的話，我推薦可以選和手邊物品容易搭配的現代樣式。如果想要稍微進階，伊朗毛毯和基里姆地毯（波斯地毯）則適合有著厚重傢具的房間。

開始

由地板空曠程度決定形狀

地毯選擇依照空曠程度有所準則。如果是大片空地的話，地毯形狀無論圓形或四邊形都ok。狹窄的話就選擇不占空間的四邊形。大小依沙發的尺寸而定就不會有問題，但如果過大的話看起來會不協調，還是要依狀況適當選擇。

素色的長毛地毯

現代幾何圖案地毯

基里姆地毯（波斯地毯）

（皆為私人物品）

即使是保守的顏色，圓形讓空間有了重點。是看起來簡單卻時尚的選擇。

Lesson #005

加點25公分的物品就能讓櫃子亮眼起來

精心為喜歡的櫃子加上裝飾，
但從遠方看來卻是「上面擺的是日常用品嗎？」這樣就可惜了。
這時只要加上一個具有高度的物品就十分美觀，
將手上有的東西加上下列的物品看看吧。
對室內裝飾來說，20～25公分是剛好的大小，
這樣的大小不會被周遭事物所掩蓋並且十分顯眼。

開始

只要加上一個，整個氣氛就改變了

只需要在放著喜愛物品的角落加上個25公分左右的物品，從放上喜歡的書本開始吧。

桌燈

兼具間接照明的擺設

桌燈是長腳的擺飾，在旁邊加上小東西，就能取得平衡達到吸睛效果。

相框、封面漂亮的書

首先試試手邊的書

比起鮮豔的物品，自然色系的相框、只有文字的書套、素色的書等等，使用低調的物品更顯品味。

大型花瓶

作為擺飾而使用

個性化的花瓶，不需要插花，像是雕刻品般就這樣放著當擺飾。因為感覺強烈，前面只要擺一到兩樣簡單陳列即可。

手邊有的小雜貨也是，
加上背景襯托更為醒目。

選擇

在旁邊加上不同形狀的物品

圓形↓方形的書和相框。方形↓圓形托盤。因為是作為背景，和前方的物品不同形狀就能產生變化。

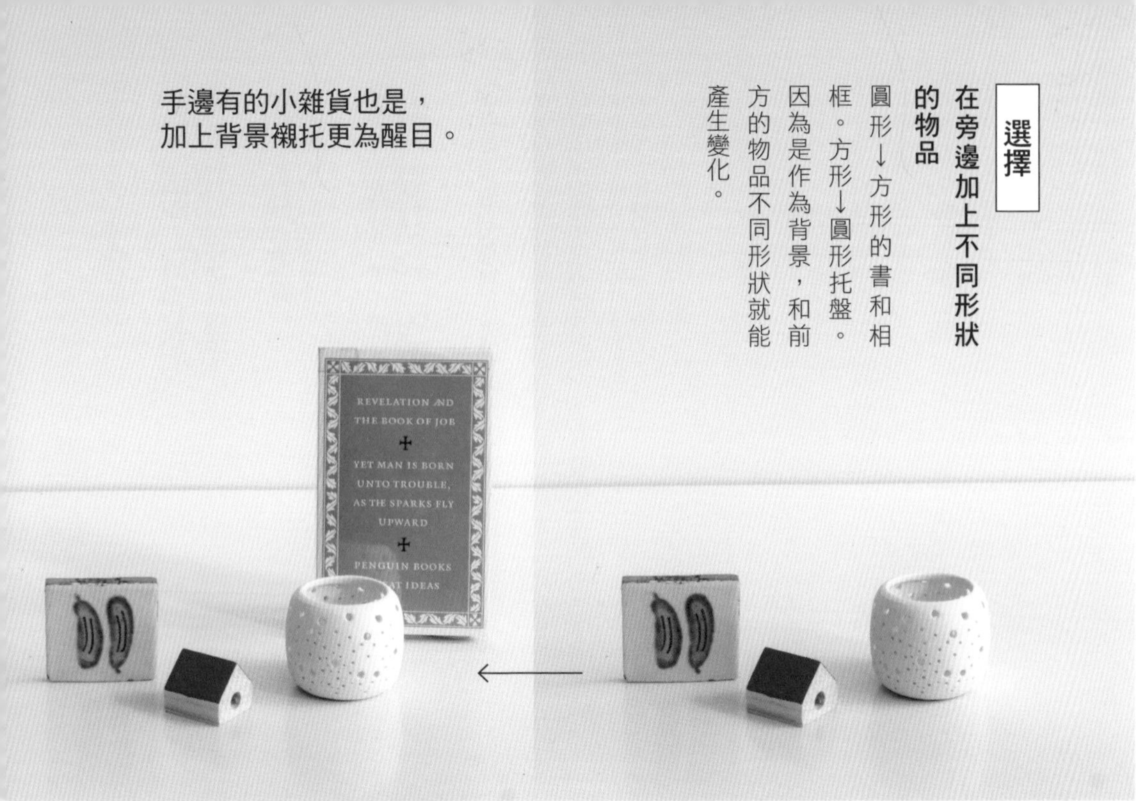

在三樣小物後面立上一本書做背景，主角一目瞭然。

墨西哥的瓷磚和喜愛的小物三件擺在一起，但是因為不滿8公分，遠遠看搞不清楚是生活用品還是擺飾。

有深度的籃子

礙眼的生活用品藏進這裡

不需要25公分，只要15公分深的籃子就很方便了。藥品和噴霧類等看起來礙眼的生活用品可以藏進這裡。

托盤

立起來變身美麗裝飾

沉睡於廚房的美麗編織托盤和有著可愛把手的盤子，用書架立起來就能成為擺飾。

花+花瓶

隨便的花瓶也OK！過著有花的生活

只要有個20公分左右的花瓶，從遠處看也覺得華麗。盡情享受大器的花瓶吧。

How to #006

串聯抱枕讓沙發煥然一新

即使是「房子很擠，沒有能放新東西的地方」的狀況，只靠抱枕的陳列就能帶來劇烈的改變。只有一個的話容易被忽略，多放幾個就能讓人印象深刻。

重點

質感且方便更換的抱枕套

就像加上一件有質感的披肩就能將平常衣著的印象改變一般，抱枕套也是能增加品味的單品。右邊數來第二個「THE CONRAN SHOP」的抱枕套大約一萬日幣左右，使用印

在這裏將產生出的橘色感串聯起來看看。1.放入同樣橘色系的圖案抱枕。2.為了從遠方看來能有強烈視覺感而加入黑色。

原本的樣子。三個抱枕採用好取得平衡的2:1法則陳列，是不是呈現一點橘色感？

度刺繡而不是印刷圖案更增添質感。買不便宜的東西時，「可以使用幾年？10年後還喜歡嗎？」以使用時間長短來作判斷。

選擇

用有圖案的物品增加層次

我的要訣是加入一點帶有圖案的物品。圖案擁有能讓普通的沙發看起來明亮有活力的能量。因為抱枕的面積很小，準備幾個，像餐墊一樣偶爾更換是最好的。

開始

先決定第一個，再思考之後的花色

想要成串，首先先決定第一個。如果是白色的狀況，使用單色的話能散發成熟韻味；米色的話運用咖啡色系圖案的物品增添層次也不錯。像這樣思考組合搭配是十分開心的事。

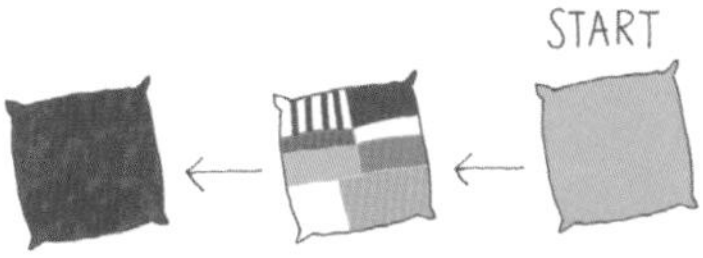

3

因為黑色給人印象過於強烈。3.利用米色的圖案來緩和就完成啦！雖然不是多嶄新的排列，但是圖案與顏色巧妙融合帶來層次感。

ITEM LIST

抱枕套：從右邊數來第二個：THE CONRAN SHOP、IDÉE、SLOWHOUSE

Interior Lesson

用圖片解說「串聯」

「串聯」不只能用於抱枕上，也可以運用在小物的搭配。

讓搭配變簡單的方法

串聯的要訣不在於紙上的計劃，而是在於現場做判斷。看到白色的檯燈放上之後的樣子，接下來再決定時鐘……因為是像這樣配合擺放的物品來決定下一樣，而能追求統一感，成功達成一致性。

因為空曠而讓人感覺淒涼的客廳。

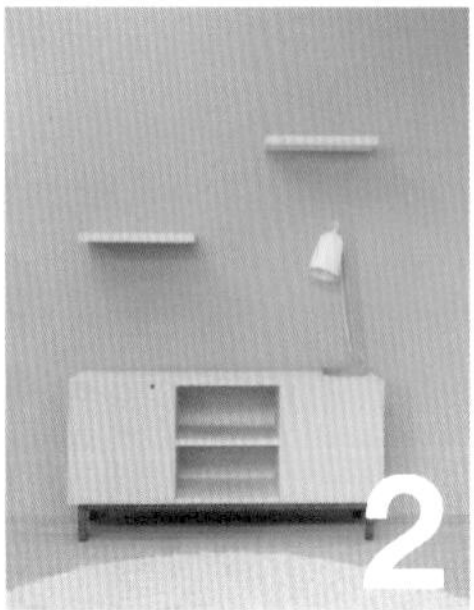

放上桌燈。

和白色的燈罩搭配，放上白色面板的時鐘。

與白色時鐘做搭配，放上白色封面的外文書。

或許看到精緻的室內設計照片時，可能會有「這一點都不現實」的想法，但其實物品的搭配組合，是藏有潛規則的。以「串聯」這樣的方法，去看看其他照片，將會有意想不到的發現與樂趣喔。

因為增加許多白色物品，所以櫃子裡以白色以外的顏色組成。桌燈的木材質→木製的托盤、時鐘框架→銀色的罐子，串聯完成。

放上和桌燈一樣白色的小物。

再來是白色的花瓶和花。放上具有高度的物品，完整度一下子提高了呢。

Q&A

我們做得到嗎？有點擔心呢……

雖然知道室內設計能讓環境變得更好，
但卻總是無法下手，
煩惱著該怎麼做的我們該如何踏出第一步呢？

Q 室內裝飾品實在太貴了，實在買不起。

A **思考「要使用幾年？」**

室內裝飾所使用的物品常使用5年、10年。台幣3000元的東西如果可以使用10年的話，一年則是台幣300元。在店裡看到喜歡的物品時，不只是考慮當場看到的價錢，而是以「要使用幾年？」除以每天的價錢來思考。如果覺得10年後仍會「喜歡」的話，就買吧！被喜歡的物品填滿生活，心中的踏實感可是完全不一樣的喔！

地毯是在打折的時候買的，很便宜唷！

感覺不管做什麼都會失敗，而覺得猶豫的人就從手邊有的東西開始。

before

Q 感覺會失敗所以十分猶豫。

A 先用手邊的東西實驗看看吧

「決勝區」的優點就在於，只將手邊的東西移動就能產生變化。用手邊的東西試試看。「啊！好像可以！」如果有這種把握的話，請一定要正式來一次。

after

只是將自己有的盆栽和畫移到「決勝區」，就能明顯感覺到變化。

Q 不理解裝修的意義也看不到終點……。

A 打造和房租相襯的房子

我們住在不便宜的租金或是房貸的房子裡。雖然沒有一定要多高級，但至少室內設計也要與房租相襯比較好。我認為不一定要有什麼風格，而是感覺舒服又有品味的家就好了。

Q 沒有勇氣買大型物品。

A 用準備期做規劃

因為很少有機會購買大型物品，「如果失敗了怎麼辦？」會這樣想是很正常的。如果沒有勇氣的話，那訂一個準備期如何呢？用這個時間去接觸商品、了解價錢的不同……增加知識後也更容易做判斷。室內裝修並沒有期限，所以請不要著急（但也不要忘了這件事）去做做看吧。

Interior Column

點燃心中的火，房子的加法

雖然減法十分重要

最近這幾年大家相當認同「房子需要減法」這樣的觀念。收納整理、丟掉多餘的物品，並不再買新的。東西少一點比較好控制，環境也變得容易管理，生活風格更是顯得俐落。因此以「減法」檢視生活是十分重要的事。

但是只一味把東西刪除，房子將變得多麼無趣啊。雖然很方便，但沒有生命感、冷冰冰的房子就像沒有筆芯的鉛筆一般，我認為只有整頓了外在卻少了本質。

說到家就是溫暖

只是踏進去就能感受到和緩的空氣撫平緊張感，被這樣溫暖所包圍著的安心感就是「家的本質」。而製造這樣的溫暖感受，不僅僅是使用明亮的配色、暖和的材料等技術，屋主本身的心情也是不可欠缺的。

房子具有「啊～好時尚！」「感覺好舒服啊！」「好棒啊～」像這樣讓人高興、歡喜，振奮人心的部分，我想就是這些讓住的人感到熱情，空氣也充滿溫暖的原因。

打造能感動自己的空間

現在日本的住宅，有著潔白乾淨的統一印象。因此要將房屋整體改造成某種風格是十分困難的。但是如果只將一個地方施以「加法」的話，不管是誰的家都很適合。當家中施行「減法」，房間已經很整齊的話，也請嘗試一下「加法」吧。不是大範圍也沒關係。即使只是一個小地方，用上自己選擇的物品和顏色，就能讓家中閃耀，讓拖著疲憊的身體回家的日子也能覺得「哇~好漂亮」，就能令內心感到溫暖。

這種適合日本住宅的新式「加法」觀念能成功就好了啊，正因為平時十分忙碌所以希望能在回家時感受到溫暖啊！一邊想著這些事在寫書……哎呀糟糕！這裡好像變成第二回合的「開始」了！

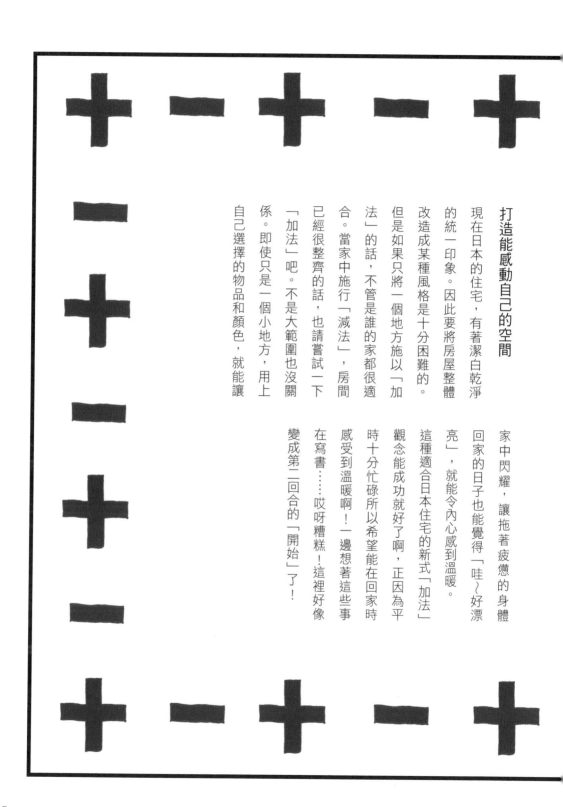

How to #007

僅將一面牆壁上色就有非凡效果

誰都可以做得到

十分受歡迎的牆面上色，但想要嘗試似乎需要一點勇氣。我常被問到：「我想要為牆面上色，但是要上什麼顏色才好呢？」還在猶豫的大家，請參考果夏小姐的家！

選擇①

選擇綠色的理由

這次從三種喜歡的顏色做選擇，最後我推薦綠色。因為讓人十分意外的，果夏小姐家中濃烈的色調很多：紅色的推車和條紋的地毯等等，如果是柔和的色牆就會被壓制，因此選用紅色的互補色；綠色來取得平衡。而因為綠色是自然色，所以眼睛也容易適應，然後再加上一點灰色調，在房子裡也不會顯得突兀。

開始

從選擇喜歡的三種顏色開始

讓人猶豫不決的就是選色了。雖然也要考慮和房子與傢具是否搭配，但基本上選擇喜歡的顏色，再從中選擇一個就好了。首先選出三個顏

雖然白色的牆壁讓人感覺十分整潔，但卻給人很模糊的印象。

需要準備的從右側開始分別是平刷、小油漆刷、遮蔽膠帶、油漆0.9L、水桶和油漆滾筒刷。油漆這裡約4650日幣（不含稅）（約台幣1300元）。

ITEM LIST

油漆：「Aura634」／「Benjamin Moore」（美國）

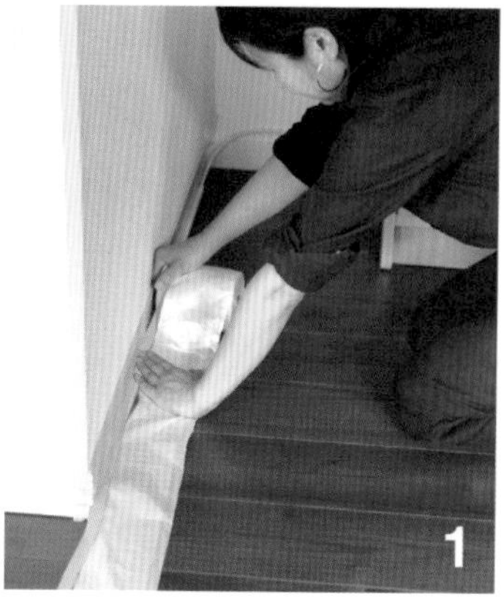

在邊界貼上遮蔽膠帶，並在其之上貼上保護膜。

為避免油漆四濺，在牆壁與電視上也貼上保護膜。

地板與牆壁四周遮蔽完成。

油漆倒入水桶中，並放入油漆滾筒刷。

開始油漆，由下往上塗色。

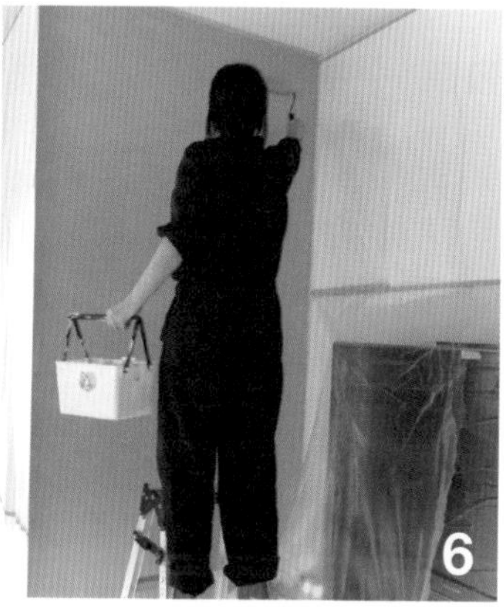

塗完後等一小時左右風乾再塗第二次。

色，然後思考「和手上的物品是否相襯？」「不會變得沈重？」等等，理性的慢慢考慮即可。

重點

上漆實際上大概只有20～30分鐘左右。比起這個，更花時間的是四周的遮蔽作業。請留意！雖然很想要偷懶，但是隨便做的話油漆塗出去就糟了。

選擇② 顏色豐富的「Benjamin Moore」

這次選擇具有豐富色彩數「Benjamin Moore」的「Aura634」。上光漆則選用最受歡迎的蛋殼白色(可輕輕用水擦拭)。0.9L罐裝可塗114公分×220公分的牆壁兩次還有剩。

選擇③ 容易購買，能塗在壁紙上的油漆

除了「Benjamin Moore」以外，國內的知名品牌在大型居家材料專賣店與網路上販售有許多「可以塗在壁紙上的油漆」產品，可以選擇符合預算與喜好的商品。

after

白色的牆壁中夾有一塊綠色，原本沒有記憶點的房子有了層次感。而即使是同樣大小的垂直面，牆壁比窗簾硬挺也因此更具有視覺張力。

Q&A

為什麼牆壁上色比較好？

雖然將牆壁上色十分流行，但上色有什麼好？會產生什麼效果呢？也請教我該選擇什麼顏色吧。

A

將牆壁上色，能產生戲劇化的效果！

在白色的牆壁前面放上沙發感覺十分普通，但是如果放在藏青色的牆前面，就像在美術館展示一般，顯得有張力。就像換了器皿料理變得更出色一樣，能將普通的傢具變得特別就是色牆的魅力所在。

希望注意的要點：不需要多

有個希望能留意的地方是：太多色牆會讓房子感覺廉價。不需要多，一個房間只要一面、兩面牆就能展現質感。

容易搭配的是溫和、和木製品相襯的顏色

雖然和傢具與地板相襯的顏色各式各樣，但是以白色為主的日本住家，溫和且能和木製品搭配，下面是我覺得適合的顏色。由上開始：芥末黃、藍灰與綠灰、茄色、黑色。

一掛上畫，目光就被聚焦

雖然只是上完色房子就產生了變化，但這只是開店前的寧靜，上完色之後，要放什麼東西也是需要仔細思考的事。

How to #008

色牆能映襯擺設，慢慢增添是情趣的展現

串聯色彩，並在腳邊給予立體感

接著在腳邊放上板凳試著給予立體感，感覺看起來變得具有層次。另外畫上的「黑色」與板凳的座面巧妙的搭配，是「串聯」呢。

在視線高度掛上一副畫，「將～將」像是被植入了音效，給人眼睛一亮的變化。牆壁似乎被灌入生命，一下子房子變得耀眼起來。

色牆的醍醐味就在於，看到牆壁前放置的東西與顏色相襯而感到開心，有著無味的白色牆壁所沒有的令人興奮之處。因為沒有急著完成的必要，可以先放一個東西之後再考慮，悠閒的打造屬於自己的牆吧！

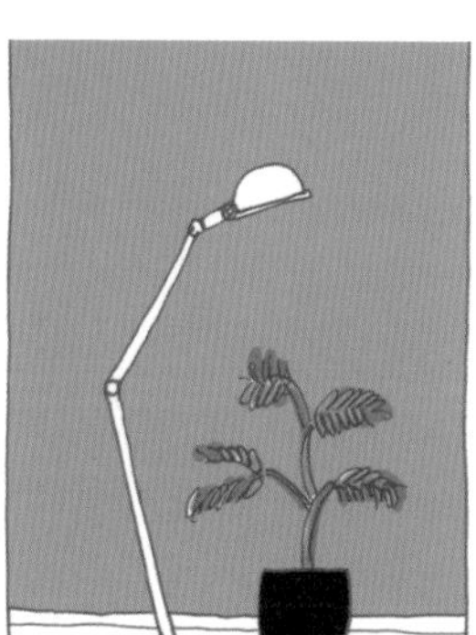

同樣的牆壁，也可以考慮這樣的擺設。落地燈和90～100公分的植栽、小箱子上面放桌燈等等。

How to #009

租房也能做到：壁貼與大型布板

「因為是租的房子什麼也不能做……」，但其實現在已經和以前完全不同了，市面上有著各式各樣的商品，即使是租的房子也能將牆壁上色、釘上釘子、裝上櫃子，擁有著許多的可能性。

開始

為了不造成日後的麻煩，先從確認開始

「即使租屋也能使用」雖然包裝上這樣寫，但內容還是不可預期。為了不造成日後的麻煩，將各個商品說明仔細閱讀，就從這裡開始做起吧。

對我來說，光是猶豫著布板的大小和位置就覺得十分有趣呢。

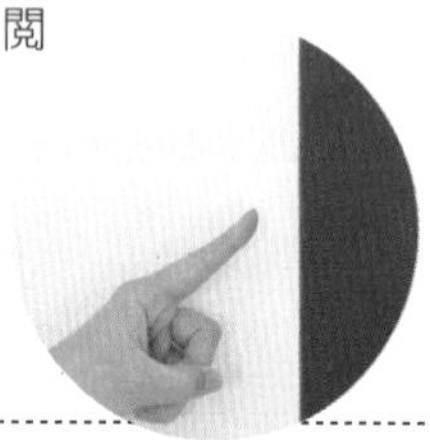

去除後也不留痕跡的壁紙，貼起來是這樣。

租屋也能享受色牆

用壁紙為牆壁上色之後，再擺上同樣風格的單品。

不織布的壁紙+用特殊膠水貼上，去除後也不留痕跡。

運用特大布板展現魅力

與沙發和傢具的大小搭配製作布板的話，將會跟牆壁上色具有相同的視覺張力。

和普通的布板相同款式，只是大小是寬180X長450公分的特大手工款。

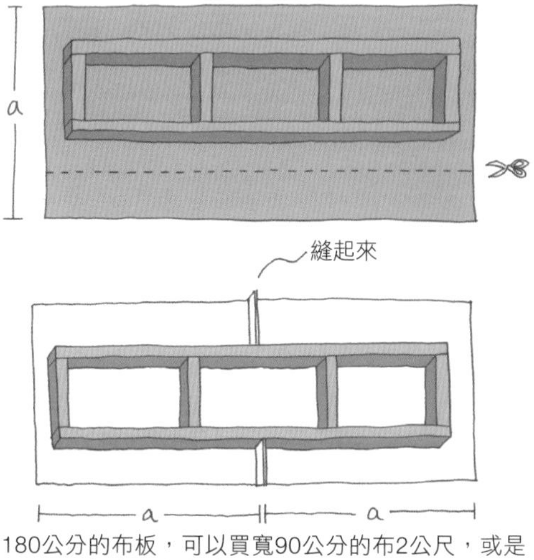

180公分的布板，可以買寬90公分的布2公尺，或是買1公尺把中間縫起來也ok。圖案的話，比起花、動物等具象的圖案，選擇抽象圖案且和沙發搭配的顏色感覺更為一致。順帶一提這個是Marimekko的「HUTERA」，有如藝術品一般（可惜現在已經停產）。

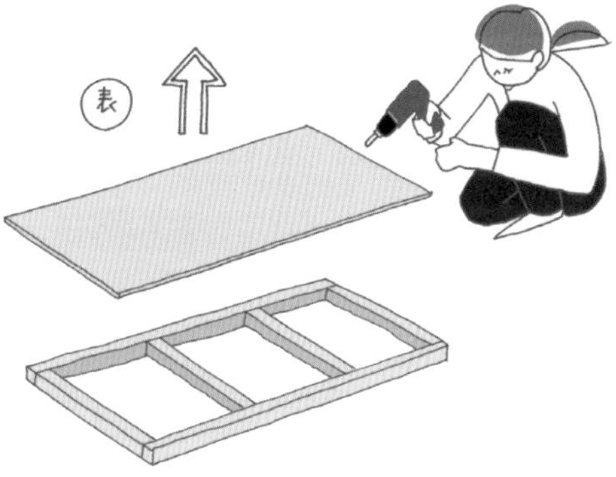

將木材鋸成喜歡的大小，製作特大的布板。寬度和沙發差不多，長則大約45公分左右比例最恰當。使用4～5個「不留痕掛鉤」固定（百元商店可購買）掛上布板。大型布板，大約140公分左右的可以在網路上買到。

How to #010

好像少了什麼時的好夥伴：板凳

板凳高40～45公分。放上不夠高的觀賞植物或桌燈後變得醒目，瞬間升格為空間主角。比起放在正規的地方，出現在有點跳tone的地方也不錯呢。

小型的盆栽放在板凳上後顯得亮眼。

開始

在手邊有的板凳上放上相框或檯燈。

手邊如果有板凳的話，將花放上、將桌燈放上、將相框或書放上，隨意的試試看吧。「板凳＋○○」不管放什麼都能十分像樣。（但不要放散置在地上的行李和生活用品啊）

選擇

平凡卻和什麼都能搭配的角色

如果有一張普通沒什麼特色的板凳的話，上面不管放什麼都很適合。就算是便宜的東西也無所謂。是「小型傢具」中不顯廉價的東西。板凳也可作為客人多的時候的臨時椅子，家裡有一個可說是相當方便。

重點

板凳的名作：Artek的「STOOL 60」

芬蘭的巨匠阿爾瓦爾阿爾托（譯註）所設計的「STOOL 60」，優美的三支椅腳是其特徵。四支椅腳製作簡單，但三支則很難。經過三年時間所研究的「L-leg」使用樺木材，其在彎曲的部分具有節點，因此能保有強度。有此一說是阿爾托因為發明的這項技術而救了資源貧乏的芬蘭。聽到這番話後我對於擁有真品感到十分開心。

左邊開始是從母校的設計教室帶回的舊板凳、邊桌（之後會出現）、照明器具和花瓶是私人物品。

ITEM LIST

（照片、右）板凳：「STOOL 60」／artek（芬蘭）花器／SERAX（比利時）

譯註：Hugo Alvar Henrik Aalto(1898-1976)，芬蘭建築師，現代建築倡導者之一，人情化建築的倡導者，被認為是北歐現代主義之父。

Lesson #003

什麼時候開始呢？建議在季節轉換時

平常總是忙碌的「住慣族」，「當有想改造的念頭時，又過了三個月」是不是總是這樣呢？如果抓不住「做」的時機，季節的轉換或是這裡所挑選的行事曆，找個適合的如何啊？

to

NEW YEAR

1｜新年

新年新氣象，訂定大計劃

新年有新的氛圍，房子也做了大掃除，比平常都還要乾淨。「這裡掛幅畫好嗎？」「將牆壁上色如何呢？」這時正適合訂定大計劃。

〔建議〕
- 去拿牆壁顏色的色票。
- 討論畫作。
- 尋找地毯（地毯等高價物品正是打折便宜的時候）。

to
SPRING

2｜春

意外忙碌的時期，植栽就能簡單上手

小朋友開學、工作的變化……日常生活忙碌的季節。心有餘而力不足時，將植栽或是可輕易做到的東西放到板凳上。

〔建議〕
- 放上超過120公分的植栽（因為天氣變暖而好栽種）。
- 買張板凳擺上花瓶。

to
SUMMER

3｜初夏

陽台的修整→改變窗邊

門外植物的養護、庭院或陽台的整理時期。如果延伸到室內窗簾的更換，就更能愉快享受微風與景色。

〔建議〕
- 更換薄紗窗簾試試。
- 上油漆（因為乾得比較快，比冬天更適合）。

to
AUTUMN

4｜春

換季的同時也換塊布

秋季是和暖和織品相戀的季節。寢具甚至是抱枕套都換新的吧。因為夜晚漸漸變長，這時挑選燈具也不錯。

〔建議〕
- 加上抱枕和地毯試試。
- 櫃子放上間接照明。

to
WINTER

5｜冬

節慶很多的時期，將裝飾區大變身

秋季到冬季，有萬聖節、聖誕節、新年等節慶，這時更需要裝飾房子，因為房間被看到的機會變多，將裝飾櫃大變身吧。

〔建議〕
- 加上25公分的單品看看。
- 加上畫作，讓裝飾品熱鬧起來。

Q&A

總是用安全的白色，如果要增加，要加什麼比較好呢？

喜歡簡潔且自然的房子，因此有許多白色的物品。正因為都是白色和米色，房子顯得平淡無味，要加什麼才能變得讓人眼睛一亮呢？

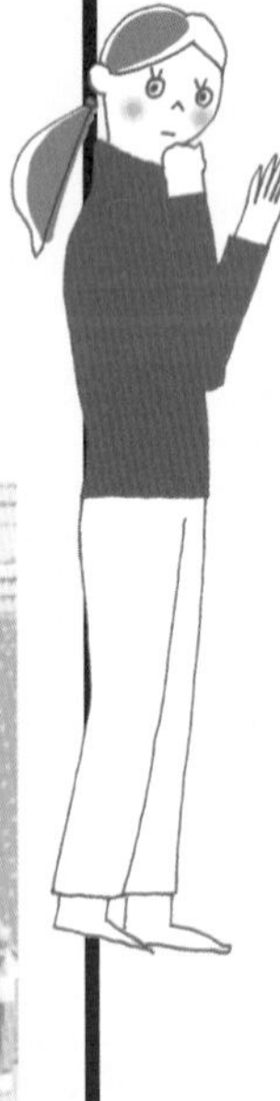

A 櫃子處加上與白色相襯的色調

走近看櫃子，其實只要加上小東西就能充分展現變化。手上有的白色與自然色我想就十分足夠。添上有點顏色的小物試試看吧。粉紅色的話可能會顯得太可愛，我建議可以用略帶成熟的藍灰色或是祖母綠，色彩堆疊後即能為白色增加層次。

後方是藍灰色的壁板，再添上祖母綠的盆栽，為白色調增加層次。

A 房間的話就改變大面積部分吧

潔白的房子，日光自窗戶撒落全室，是令人神心氣爽的空間。對室內設計來說也是好掌握並帶有清爽感，給人極具好感的風格。但如果太白有時就會顯得單調無趣。保有白色的美好，試著從地毯或傢具等大面積之處做些改變吧。「因為大自然我就來個綠色的地毯吧！」突然加上這麼活潑的顏色反而有點突兀，將原本的自然色調深一個色階、或是同樣都是白色卻增加線條，就能溫和的產生變化而不破壞整體美感。

before

全是白色的話就少了變化，給人單調無趣的印象。

after

傢具選用自然色系，將重點放在窗簾或是地毯上，就能產生大範圍的變化。

Q&A

零散的傢具沒有統一感，怎麼做才好？

家中有著一堆二手和以前買的傢具。因為不是有計劃的購買，所以看起來十分凌亂沒有統一感，這樣難以統整的居家該怎麼做才好呢？

A

以前喜歡的風格傢具和老傢具等等都在同一個房子使用對吧。我們並不一定要擁有整套傢具，這裡的點子將幫你完美克服這個問題。

請將相近色調的傢具放在一起

在散亂的傢具中有沒有相近色調的呢？像右下圖一般將相近色集中，就能緩解凌亂感的問題。

以籃子等物品將顏色比例提升

雖然增加傢具有困難，但還是有機會添加垃圾桶、板凳或是大的籃子等物。

將這些東西與手邊傢具的顏色搭配，讓色調比例提高，增加統一感。

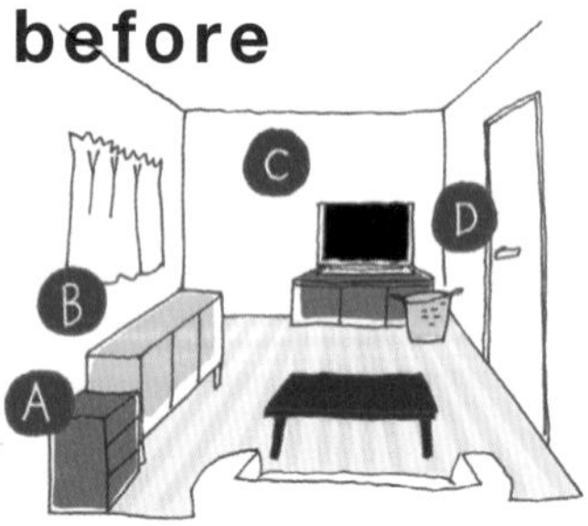

A～D放置著零散的傢具和籃子。

將A和D交換，將相近色聚在一起，就能稍稍感覺一致。

Q&A

請告訴我用色不失敗的方法

我對牆壁上色十分感興趣，但感覺會失敗而遲遲一直不敢下手。有避免失敗的方法嗎？

A

用安全檢視防止失敗

在P.36選色有說「首先先選三個顏色」，然後從中選出一個。接著再確認不犯以下的錯誤，就能避免失敗。

傢具與牆壁的顏色太過接近的話，房間將變得模糊不清，改變色彩的深淺與明暗度吧。

會長時間面對的色牆，最好避免活潑、強烈的顏色。

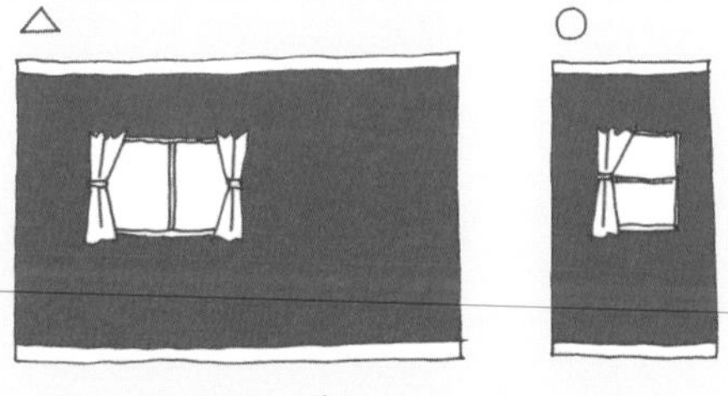

大範圍的地方也必須注意。即使相同顏色，小面積或帶灰色調看起來較溫和。

TOKYO
東京設計傢飾散步
interior WALK

我想大家的「出眾的一品」是在旅途中或是喜歡的店內所相遇的吧。這裡將介紹可以找到易搭配的單品與好質感的店家。週末與朋友見面的前一小時，利用一個人的時間愉快的享受設計傢飾散步吧。

ONLINE

IDÉE online

和室內設計相襯的書

提倡「和藝術一起生活」的IDÉE，有著許多和房子好搭配，並能合理入手的作品。網路上可以看到所有作品，先確認看看吧。

http://www.idee-online.com/

下班到丸之內大樓

「unico」「IDÉE」或「conran shop」在丸之內大樓（譯註）與新丸之內大樓內都有設櫃。下班後去逛逛或是週末去走走也不錯。

SLOW HOUSE（天王洲）

質感花瓶與框架用合理價格就能收集

位在天王洲臨海開發區的「SLOW HOUSE」，是出門時的好選擇，有許多經典的花瓶、框架和植栽，並能以合理的價格購入。

ieno（代官山）

時尚的織品傢飾

前文（P.20）介紹薄紗窗簾時的品牌「ieno」。有著很棒的布料，店內更是散發溫暖的氛圍。出代官山車站後馬上看得到。

譯註：東京大型購物中心

新宿半日計劃

東京堂（四谷三丁目）

花藝的聖地！

販賣花藝用品的東京堂本店。擁有各式各樣的花材與植栽。建議中午前前往避開擁擠人潮。

conran shop

摸得到的好品質，身心都獲得滋養

從新宿西口搭巴士到「ozone」。在「conran shop」好好找找具有質感的物品和好品味的裝飾吧。

unico

馬上掌握流行，休閒小物與布料

到LUMINE（譯注）內的unico找尋與適合傢具的小物及織品。休閒款、季節款、物美價廉款等一次購齊。

青山2～3小時計劃

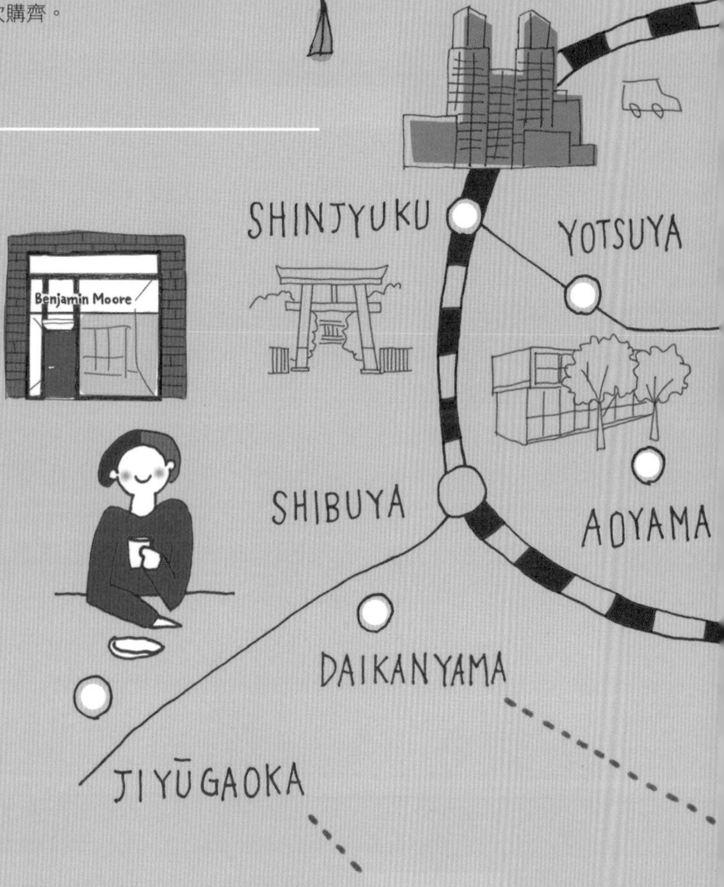

Benjamin Moore（外苑前）

3600種油漆色

以紅色大門為標誌的旗艦店。擁有3600種色票是其特色。可索取店家規定數量內喜歡的色票。

CIBONE→ACTUS

連逛兩間店

面向表參道車站的「CIBONE」和「ACTUS」，可以在寬敞的店內悠閒度過時間。

doinel

找到喜歡的物品

在小巷內的「doinel」，擁有其他店沒有的商品是其魅力，是間很可愛的店。

sarasa design

擁有好設計的生活用品

位在天王洲臨海開發區的「SLOW HOUSE」，是出門時的好選擇，有許多經典的花瓶、框架和植栽，並能以合理的價格購入。

CHECK & STRIPE（自由之丘）

天然的織品

P.49的布板也使用的「C&S」，適合在家中縫紉。和自然色系的家飾十分搭配的好布料。

HATENA'S VOICE

施工到比較晚，遇到回家的家人，先生與婆婆從大門進來，馬上笑著說「哇～變好多啊！」。「決勝區」看起來效果還不錯呢！

來探訪的婆婆。

下班回家的先生。

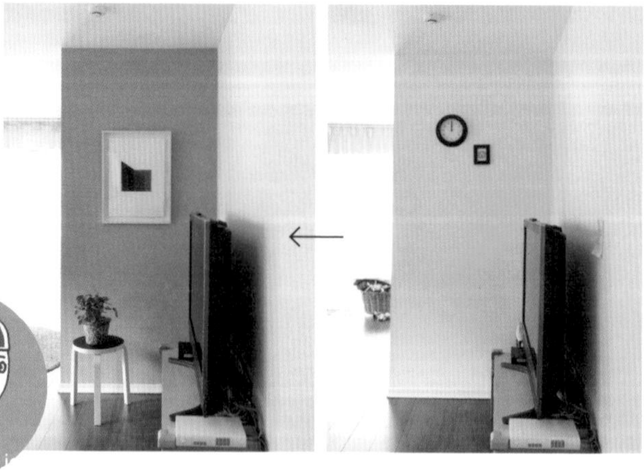

不管從哪裡看都是很棒的房子

在第一章裡告訴了大家改造決勝區讓房子印象大為改變的方法。在上色之前十分緊張的果夏小姐，三天後也已經習慣，並開心的跟我說：「從廚房看過去，也十分不錯呢。」從遠處看也能發現變化，這表示不管從哪裡看都能感受其美妙之處呢。

2

遮住生活凌亂感 讓LDK綻放光芒

老傢具歷經時間的焠鍊更顯魅力。這樣說起來，我們的家也應該因為時間的累積而更臻完美才是，但增加的卻是生活的凌亂感⋯⋯。將「室內設計的視角」注入讓人開心不起來的凌亂感居家中吧。運用新的角度整理的話，看膩的LDK(譯註)也將回復往日光彩。

譯註：LDK：客廳（Living ）、餐廳（Dining）、廚房（Kitchen）

How to #011

即使有整理也看不出來是為什麼？

「川上小姐，像這樣的地方該怎麼做比較好呢？」果夏小姐指著廚房的吧檯對我說道。那裡即使整理也無法收得整齊，只要稍微放上郵寄物品，家人也馬上把自己的也放上去。因此總是為了其散發著生活凌亂感而困擾著……。

好的生活感、不好的生活感

所謂的生活感就是住在裡面的人所留下的生活痕跡。家人聚在一起吃飯因而散發出好的生活感；相反的「好麻煩喔，暫且就這樣吧」而將東西隨處放，就散發出不好的生活感。如果不拘泥於小節而因此對房子懈怠的話，這樣的氣場就會因此根深蒂固，而成為再怎麼打掃還是不乾淨的房子。

櫥櫃雖然也整理了……
在吧檯上隨意放著郵寄物品和鑰匙……
可惜！還有四個地方看起來不太對！

不管何時的整理都加上「它」

因此，這裡是我的提案。不管什麼時候的整理都加上一點「室內設計視角」試試看吧。理解場所的要點、整理、並使其變美……使用稍微站遠一步的「室內設計視角」，整個房子將變得美麗；不拘小節的生活感也能因此減少而讓空間耀眼起來。

每天開心的整理吧

當房間看起來美觀，整理的時候也會比較開心，變美的感覺也能加倍。正因為每天生活十分忙碌，即使只能減少一處凌亂或反覆不停的收納也試試看吧！

百聞不如一見，現在就從果夏小姐的廚房看起吧。

放個花瓶吧？

放在沙發旁的物品，雖然都收進盒子裡了……
用邊桌解決外觀與收納問題吧！

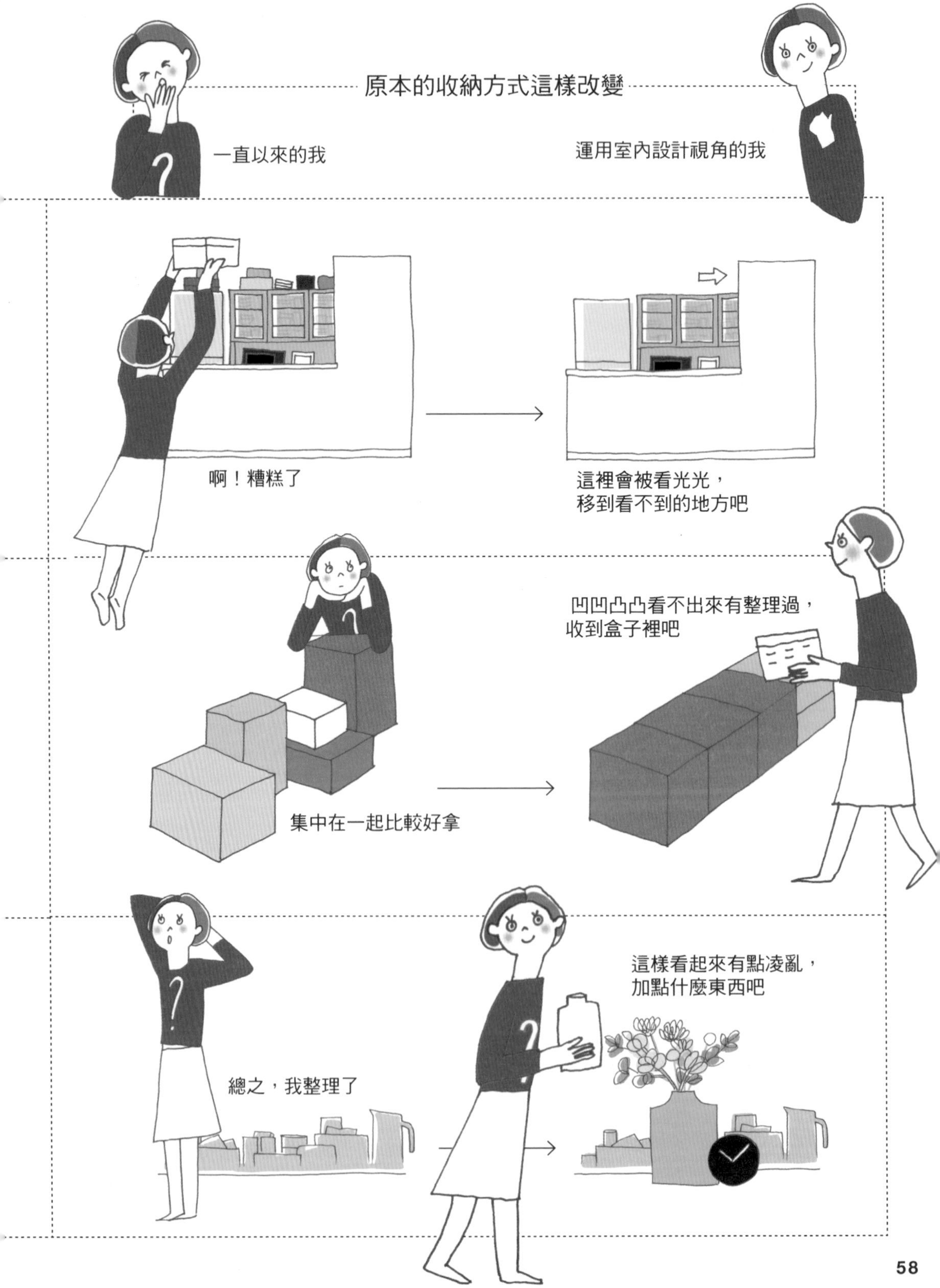
原本的收納方式這樣改變
一直以來的我
運用室內設計視角的我
啊！糟糕了
這裡會被看光光，
移到看不到的地方吧
凹凹凸凸看不出來有整理過，
收到盒子裡吧
集中在一起比較好拿
這樣看起來有點凌亂，
加點什麼東西吧
總之，我整理了

想要將一直以來的收納方式升級

室內設計視角的「follow術」

1.留意地點的注目度

每個房子都有顯眼與不顯眼的地方，當擺放東西之前，僅只是考慮「這裡引人注意嗎？」而已，在收納之後樣貌可是有極大的不同。

2.顏色、排列、大小分門別類

只是將物品整齊排列，就能看起來美觀。大小與顏色也分門別類，就能呈現出一致感，凌亂感就此消失。

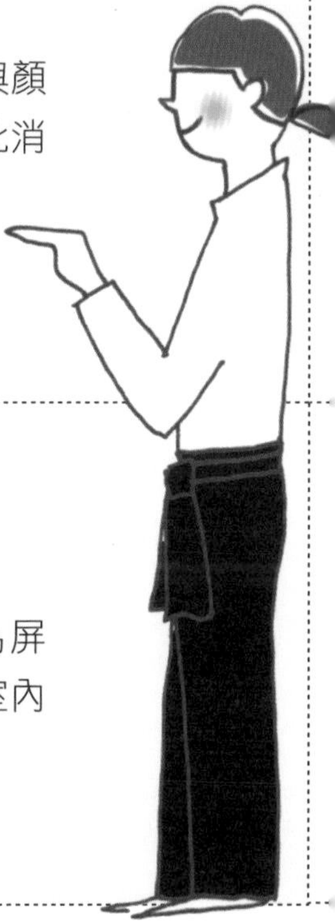

3.添加單品

將用品收在大型收納器具中，放置花瓶作為屏障……。增加物品讓外觀變美，將收納升格為室內設計，綻放光芒。

How to #012

從餐廳開始將看得到的地方定點修正

LDK特別是廚房吧檯四周，只要「放一下」東西就特別顯目，是容易散發生活凌亂感的危險地帶。如果是沒有大掃除時間的人，請試試看只改變餐廳周圍「特別引人注目的地方」。果夏小姐家只集中做了四個地方，僅僅是定點收納也得到很好的效果。

對室內裝飾來說，在冰箱上方放置一個新的籃子十分有效果。因為大尺寸而有足夠的收納空間，天然素材也讓美觀與實用兼顧。

ITEM LIST

冰箱上的籃子：Basque bssket／IDÉE（寬46X深35X高19公分）

錯誤1

非常醒目的櫥櫃上方

薄紗窗簾的透明感和全白的牆壁容易相襯，加上花紋則能帶來和緩的變化。「什麼都不放」是最好的，將東西移到抽風機的後方、看不到的牆壁內側等，就能減少雜亂印象。

錯誤2

這裡也很容易被注意：冰箱的上方

因為很寬闊所以總是很想把東西放上去的冰箱上方也是非常引人注意的地方。將收納用具換成美觀的籃子，就能和房間產生一致感。

錯誤3

暫放在吧檯一下

雖然放一下沒有錯，但是吧檯上卻是特別引人注意。不要全部都放東西，而是改成左半部不放東西，這樣就能達到效果。

錯誤4

想要貼在冰箱門上的衝動

將學校的通知、垃圾回收日、磁鐵……將想要貼的衝動貼在不顯眼的側面或是腰下方吧。

after

Lesson #004

你家的廚房是什麼類型？

從哪裡散發出生活的凌亂感，依照廚房的類型而有所不同。了解自家的廚房，從核心做精準修正。

開放式廚房容易亂

現在廚房越來越朝向使用開放式。料理時可以看到家人，並擁有歡樂的氛圍，但另一方面也代表廚房的凌亂也向外展現。廚房有幾種不同類型，「容易被看到凌亂的部分」也因類型而有所不同。

首先先看下方與左頁的圖確認自己家中的廚房種類吧，「我家是封閉式，所以是這個啊」之後，就能知道「容易看起來凌亂的地方」，確認「廚房最先需要整理的地方」而能精確進行調整。

半封閉式

吧檯與入口開放的類型，從餐廳可以完全看到吧檯與吧檯內側。

封閉式

被牆包起獨立類型的廚房，從走道方向看到的內側牆壁是顯眼之處。

半開放式

最近很多這種廚房，除了地板與抽油煙機外，其他呈現開放的類型，需要注意腰部以上的地方。果夏小姐家就是這種類型。

開放式①

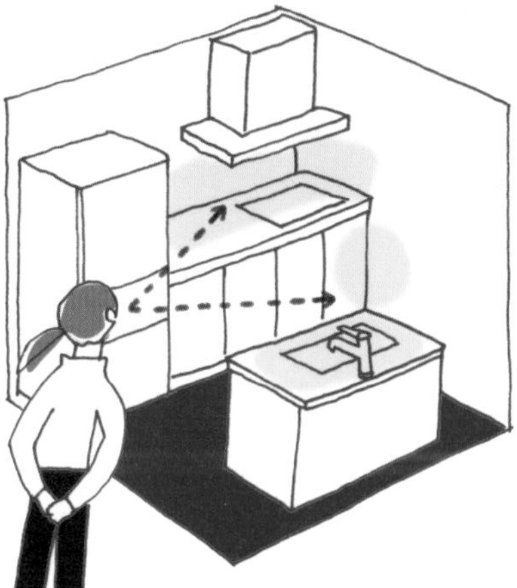

開放式有兩種類型。這是新型開放式，因為全部都打開，需要全方位注意才行。

開放式②

舊型開放式。雖然能看到很多東西，但調理台上方的吊櫃可進行收納，因此特別需要注意的是中間與地板部分。

How to #013

吧檯用白色花瓶和大花掩飾

每天都會使用的廚房，一定有「放在這裡才方便」的這種地方。雖然從遠處看過來洋溢著生活凌亂感，但卻無法放棄不使用。那在這個地方改變作戰方式吧！用花瓶和花遮掩起來，當有主角級的物品擺上吧檯，凌亂的內部就變得不明顯了。

after
選擇白色的花
或是綠色觀賞植物

開始

要遮哪裡好呢？從餐廳這邊確認

從不想被看到的地方逆推來決定花瓶擺放的位置。果夏小姐在微波爐上似乎常隨手擺上便當盒和保鮮盒。為了讓這附近不被看到，在吧檯上放上花瓶。

before
哇～全都看見了

不想被看到的是這裡。

選擇1 用不透明的花瓶將廚房遮起來

這裡的目的是為了掩飾。因為如果是玻璃花瓶的話就會透過玻璃看到廚房，因此選擇超過20公分的大型不透明花瓶。白色的花瓶在室內不會太過醒目，加進來也不顯得雜亂。

選擇2 大膽的運用大花遮掩

這是個半開放式的廚房，吧檯到天花板有很大的空間，如果是有高度的花看起來就十分美觀。雖然花身全長將近50公分，卻不會感覺過大。使用的是「木百合」和「素馨」兩種植物。

如果太多色彩容易讓人感覺雜亂，因此選擇和房子相襯的白色和綠色。運用花瓶和大型的花做為擺飾遮掩。

ITEM LIST

陶瓷花瓶：SLOW HOUSE／時鐘：menu（丹麥）

How to #014

匚字形桌上架讓收納增加2倍還能當裝飾！

讓人驚訝的簡單！

在做收納的before-after企劃的時候，每次想著「如果有那個就能收更多了！」，就是匚字形的桌上架。在桌面上放上有腳的小平台，是讓空間能得到有效利用，收納也能增加兩倍的好東西，如果是木製的桌上架，就不會散發凌亂感。

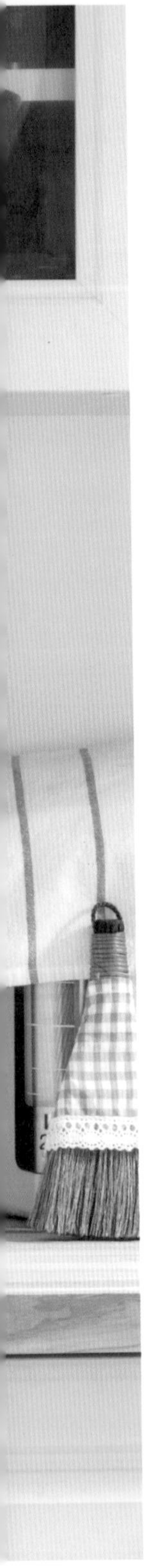

開始

從測量擺放地點開始

為了能就像訂製般順暢的放進櫥櫃之中，首先先測量櫥櫃裡的空間。根據尺寸裁切合適的木材自己也能製作。（製作方法在P.120）照片中尺寸為（寬58×高20×深20公分）。

開始

從測量擺放地點開始

為了能就像訂製般順暢的放進櫥櫃之中，首先先測量櫥櫃裡的空間。根據尺寸裁切合適的木材自己也能製作。（製作方法在P.120）照片中尺寸為（寬58×高20×深20公分）。

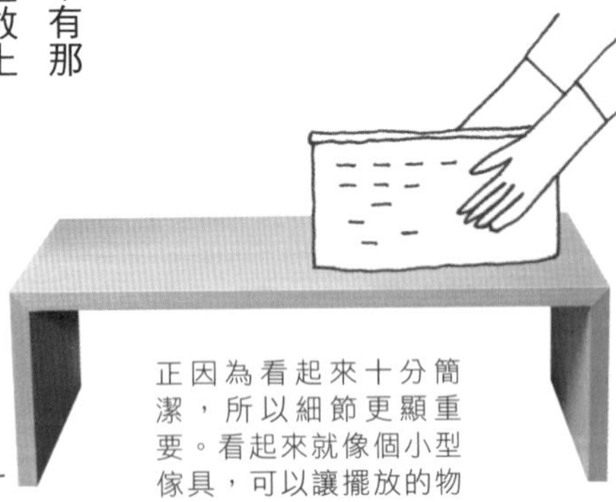

正因為看起來十分簡潔，所以細節更顯重要。看起來就像個小型傢具，可以讓擺放的物品更顯有型。

果夏小姐的櫥櫃很大，即使擺放家電，仍空下50公分以上的空間，高度也夠，這樣的空間真是浪費了啊……。

after

下方的籃子放餐墊及餅乾，上面則放上喜歡的紅茶，使收納和擺設兼具。

ITEM LIST

籃子：可堆疊藤編長方盒／無印良品

Q&A

就是想貼在冰箱上……

小孩的行事曆、垃圾回收日、不能忘記的事項等，即使知道不好看，但還是貼在冰箱上最方便了。好想貼啊！這時候該怎麼做呢？

A

注意冰箱！

在LDK之中，冰箱不是需要注意的人物，但是是需要注意的家電。首先，體積很大，而且具有大面積的磁門，這樣擁有大量的上方收納，想要利用也是無可厚非。但是考慮到其十分顯眼，就這樣把東西放上或貼上是NG的。

想要貼的話避免貼在正面

使用從LD無法直接看見的側面或是貼在冰箱腰部以下。放上與牆壁相襯的籃子……以這樣的方式達成和諧，把紙張聚集在一起貼在側面，有顏色的紙則貼在腰部下方儘量讓其不起眼。

雖然貼了不少張，但因為貼在側面，從LD看過來一點也不起眼。

正面什麼也看不見。

Q&A

想在廚房加裝吊架，怎樣的比較適合呢？

想加裝新的吊架將料理器具吊起來，該選擇怎樣的材質和大小比較適合呢？

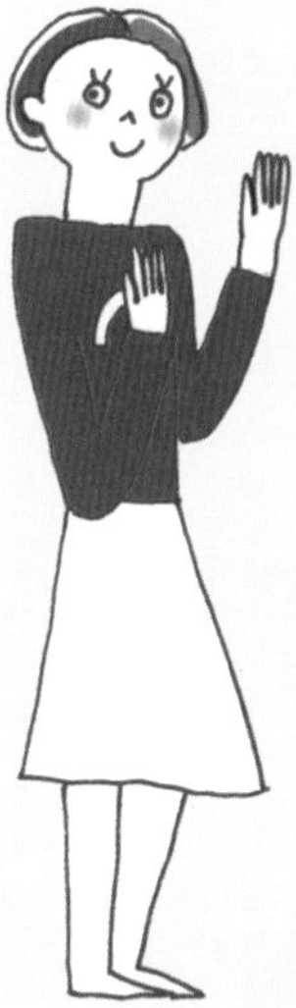

A

為了讓工具架能襯托料理器具，使其看起來更美觀，因此選擇設計簡潔的黑色。而尺寸過小容易讓人看到缺點，所以如果是90公分的牆壁就大概做40～50公分寬如何呢？雖然這裡並不會太高調，但是在吊架上不管掛上什麼都會讓生活凌亂感倍增。所以將before圖裡的鍋蓋、調味料、掛著的橡皮筋都收到抽屜內，並且把四周收整齊，只掛上精選的工具架，就能看起來美觀。

How to #015

具有明顯效果！創造清爽感的腰下收納

請將房間裡腰部以上「固定位置的不明確物品」、「總之先放在（貼在）這裡的東西」全部拿掉。在有桌子的生活中，通常腰部以上的東西容易入眼，所以只要將無意識「暫放」的東西減少，這樣就能創造空間的清爽感。

將腰上方有的、牆上貼的東西、暫時放一下的物品先移除。

將貼在牆上的紙移除

將暫時貼的memo、紙張、小孩的繪畫移除，集中貼在一個不明顯的地方。

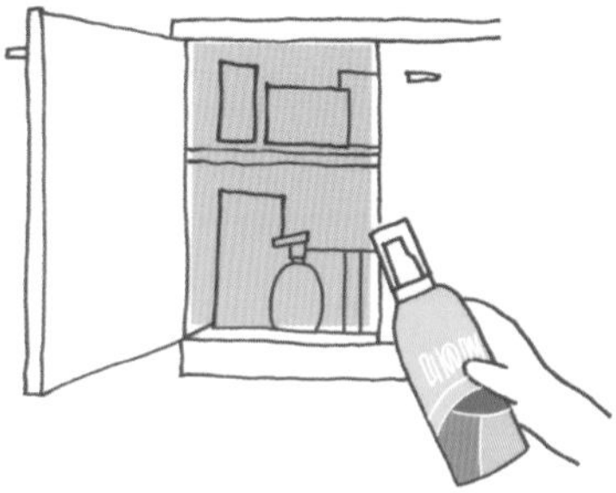

適合放在櫃子裡的東西

會破壞室內設計的東西：擁有大片鮮豔色彩或印象強烈的物品儘可能收進有門片的櫃子裡。

想要放在外面的物品請多一道手續

文具、藥品、除蟲劑等等，因為日常生活常常使用而想放在外面的物品，請收進籃子裡讓其不這麼顯眼。

移除之後的清爽狀態，重新收在腰下位置後，看起來整齊多了。

How to #016

餐廳的燈光要怎麼選才好呢？

在有一大堆物品的情況下，選擇會「長久使用的東西」意外的很困難。但和有著裝飾牆的餐廳相搭配的燈光又是怎樣的呢？果夏小姐這麼問道。我的回答是「和裝飾物不會起衝突的顏色是白色，而形狀則可以選和圓形餐桌能相配合的半圓形。」

選擇

需要注意的是光的質感

所謂好的照明，由上而下的燈光是最好的。光線不會直接射入眼睛，被燈罩所反射後會成為柔和的光線。而即使是相似外觀的燈具，價錢卻不一樣，這往往是因為光的質感差異所致。

開始

猶豫的話從桌子的形狀開始挑選

與桌子的形狀搭配也是一種選擇的方式。圓形的桌子使用一盞燈的話，能營造聚焦的氣氛；長方形的桌子，則是能在天花軌道上散布小燈泡來打造時尚的氛圍。

重點

已經有燈光的地方加上間接照明

即使已經有了燈具，但在附近放置落地燈或是板凳＋桌燈，則更能享受照明的樂趣。

Panasonic所販售深澤直人設計的燈具「MDDIFY」。因為餐廳旁的牆壁上有時鐘與日曆，因此選擇不與其衝突的白色簡潔樣式。當然，光的品質也不錯。

ITEM LIST

照明器具：modify φ350（HGD1002W）／panasonic

How to #017 稍微整理陽台就能消除生活凌亂感

「唉～是這樣的嗎？」雖然聽到可能會這麼想，但陽台空間也容易讓人感到凌亂。沒在使用的盆子、只用了半袋的土壤、就這樣放在外面的生長劑等這些就是產生凌亂感的原因。放上具有高度的筒子，陽台或庭院的外觀馬上就變美了。

其實沒什麼問題，但不知為什麼感覺凌亂……。

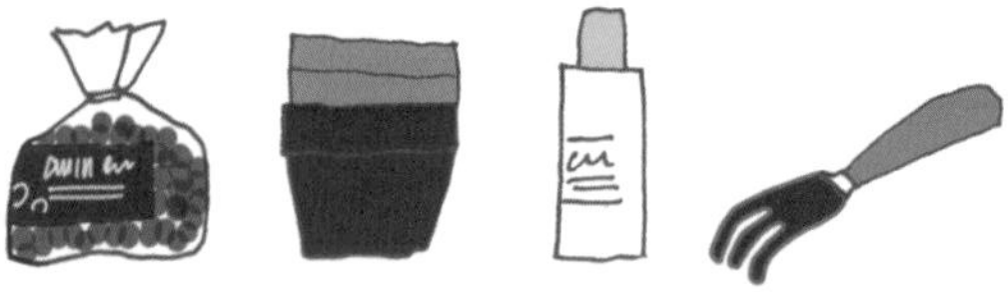

開始

準備一個高桶收納工具

準備一個可以收傘的高桶，高度為50公分。這裡作為收納不用的土壤袋與盆子時使用。這樣左右的高度就十分夠用。

選擇

因為高而受注目，展現良好的平衡感

在有著大片綠意的陽台裡，比起並排的盆栽，選擇一個較高的東西就能展現良好的平衡感。這也代表如果加上了矮小的物件，並不會受到注目，請注意。

重點

添加一組完成一致感

放置兩個黑色盆栽，就能瞬間增加一致感。因為白色或其他顏色太顯眼，就選接近格柵與地板的黑色吧。此外，盆栽高23公分，於IKEA購入，一個800日圓（約台幣200元）。

after

追加兩個黑色盆子及三個桶子。將右邊的小盆栽移到黑色盆子裡，沒在用的鐵籃和盆栽則收到桶子裡。果夏小姐家的陽台從原本的凌亂變得十分美麗。

ITEM LIST

桶子：conran shop
盆子（黑）：PAPAJA／IKEA

How to #018

即使是畸零區也能DIY做架子

不知不覺的，型錄和雜物等物品就寄放在容易擺放物品的沙發旁，但對室內設計來說，沙發側邊是展現沙發「格調」的重要地方。可是，沒有這個地方東西要收在哪呢？請不要放棄！果夏小姐家也有這樣約40公分的地方，想要確保收納空間，可以這樣做。

開始

測量縫隙，想像完成的樣子

來確認空間有多大吧！如果寬有35～40公分就可以做架子。順便也測量扶手的高度（不是從沙發內側測量）。邊桌比扶手稍微低一些，整體將更和諧。照片中的高度為60公分。

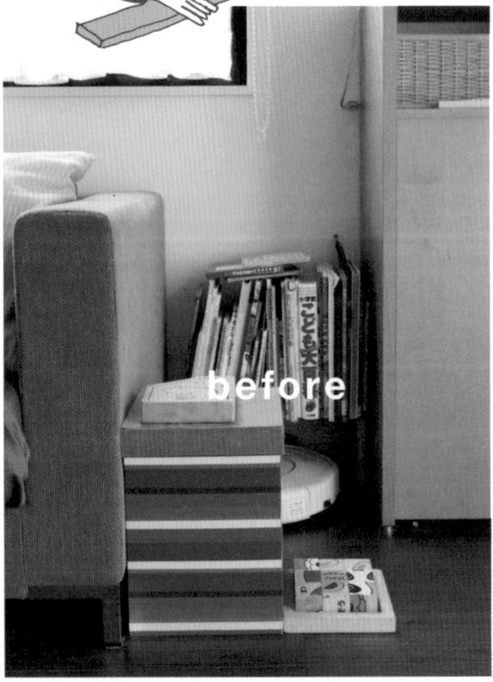

這樣的狀況，就算再怎麼努力整理都無法看起來美觀。

after

選擇

置入盒子，架子下方什麼都可以放

在架子下方放進盒子的話，就可以收納原本沙發旁滿溢的雜物。雖然有各式各樣的盒子，但黑色可以消除存在感，較不醒目。這裡將IKEA的盒子「TJENA」去除上蓋後使用。

重點

變清爽後沙發立刻顯得耀眼

因為已經有沙發和其他的傢具，如果再加上感受強烈的物品，就會讓人覺得煩躁。這裡所設計的，是簡單的以左右兩邊框架椅腳、並且夾有桌面與層架的清爽設計。是準備好材料後只要一天就能完成的DIY傢具。

用邊桌確保能收納的空間。這樣做不會突出於旁邊的傢具，不僅好收納也看起來美觀。

ITEM LIST

桌燈：BLUELIVE／EDGAR（德國）中間的盒子：TJENA／IKEA（寬32X深35X高32公分）

收納計劃和台幣300元的花

Interior Column

進行收納計劃的前一天

「明天早上開始進行收納計劃喔！」這麼說之後，我來到常去的花店，買了1000日圓（約台幣300元）左右的花，雖然在當天當作伴手禮帶到現場，但因為太忙而完全忘了這回事。施工時，大腦和身體有如大鍋在煮菇一樣的沸騰，移動東西、打掃、重新放置，一直持續這些整理工作。終於房子漸漸變得好看起來，當將近日落時，已經可以看到完工的終點。

當一天的整理結束時

就在這時「啊，對了對了」想起了忘記的東西，是花該出場的時候了。在整理好的架子上放上借來的花瓶，「這樣一來，變好看的實際感覺又增加了吧！」我這麼一說，屋主的表情也瞬間明亮了起來。當「家＝麻煩」的意識轉變為「家＝好棒」，暫時忘記的某件事也會想起來呢。所謂的家是……所謂的室內設計是……比起我一直嘮叨的說明，房間裡

的花更是傾訴了家的優點。

收納是進階式

收納無法一步登天，大致上需要一步一步進階。因為東西不知道怎麼收而感到困擾的初期階段，一定也不是想說花要放在哪裡好的時機吧。實行收納計劃也是，如果早上就說「今天要用花來做裝飾喔～」絕對會被不當一回事。而將東西收起來，調整擺放和確定位置則是中期階段，這時大致上收納問題會告一段落，接下來，最後的階段就是這章節所想要傳達的「室內設計視角的follow術」。收納與室內設計能夠結合的話，就能實現美好的生活。來到此時，注意到被擺放的花的美，不論是心情也好、房子也好，都更有享受的餘裕。

前方將是一片光明

各位現在到了哪一個階段了呢？不論在哪個階段，想要怎麼進行，都請不要忘記保持與家裡的「好」關係。我也是為了要擁有好結果而將花帶到現場來呢。

How to #019

塗鴉也是藝術！遊戲間是小朋友藝廊

「啊，好可愛啊！」在看到小朋友的畫和塗鴉我這樣想著。但如果貼在房子各處，到處都是紙片飄揚，就顯得亂糟糟，真是太可惜了！用紙膠帶設定範圍，可愛的指定席完成！在房子裡小朋友也能開心的塗鴉了。

開始

尋找適合小孩塗鴉的地點

將熱鬧的小朋友遊戲間與認真裝置的成人區分開，房子就不會顯得雜亂。小朋友藝廊位在從大門處無法直接看到的腰部下方，將繪畫貼在視線注意不到的位置。

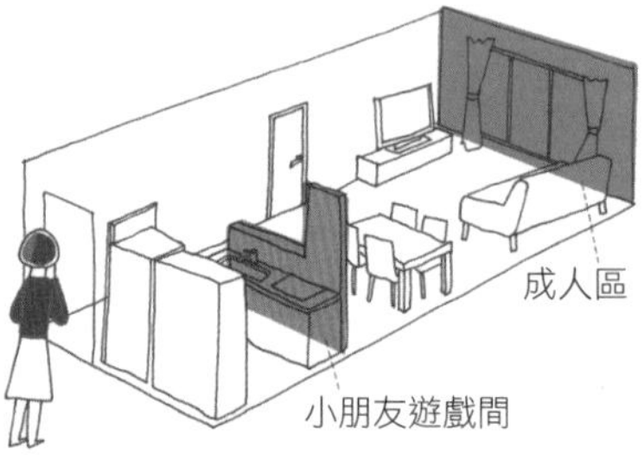

選擇

用喜歡的紙膠帶框出自由的線條

雖然可以自由決定紙膠帶的顏色和形狀，但為了不讓小朋友的畫超出框外，儘量就做大一點。即使不貼小朋友的畫，也十分像樣。照片中是房子的形狀。

雖然很可愛但牆卻被小孩子的畫貼滿。

普通的白牆。

怕紙膠帶的線條太過尖銳的話，選擇有圖案的看起來就柔和起來。

底邊大約以50～60公分為基準，將膠帶貼成房子的形狀。

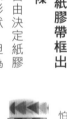

after

馬上將小孩的畫集中起來。如果在遊戲間旁邊的話，氣氛就更歡樂了。平凡的吧檯下方變得可愛起來，好開心啊！果夏小姐這麼說。

How to #020

全家福照片像國外的房子一般放在沙發旁

有小孩的家中常常會以家族或是小孩的照片當做裝飾。不管怎樣，將照片放進相框中就有如小型紀念品般，是值得誇耀的存在。比起到處放，試著集中在沙發旁的一個地方試試吧。當疲倦坐在沙發上時家族照片映入眼簾，就能展開笑顏。

小孩的作品也放進有襯底的相框就十分像樣。

ITEM LIST

相框（左）：RIBBA／IKEA
相框（右）：MOSSEBO／IKEA

開始

確定擺放位置將照片放入相框裡

因為果夏小姐家在沙發旁新加了一個邊桌，於是在上面放上全家福。就算沒有放置的地方，將照片集中一處，溫暖的角落就完成拉！相框不用太貴也ok。選擇和手邊傢具搭配的顏色，就能和房間產生一致感，變得像國外的房子一般散發美好的氛圍。

選擇

選擇白色襯紙的相框

在玻璃與作品之間所夾的紙板叫做「襯紙」。襯紙白色的部分較大時，因為有留白的緩衝，不管哪種照片或繪畫都能顯得有餘裕，看起來更美觀。

重點

將照片加工變得有型

將照片轉成棕色或黑白後列印，裁剪照片好的部分或讓人有印象的部分放入相框中也是不錯的方法。

after

不想讓照片太顯眼的話，可以在前面放些擴香等物品不經意的將其藏起來。

ITEM LIST

木作擺飾：AREAWARE（美國）
擴香：Baronessa Cail（美國）
籃子：unico

How to #021

馬上受用！掩飾生活凌亂感，小巧思集錦

在完成這個brfore-after後，果夏小姐說：「真的，只做了一點就徹底改變了呢！」這裡將這些「做了一點」集結起來，可以作為當怎麼做都不對時候的小提示。

傳真機的旁邊加上同色系的相框。房子裡容易被看見的機械產品也可以在旁邊放上同色系可愛的物品，冷硬感就能變得柔和。

換成可以把內容物
藏起來的高盒

雖然將東西集中在盒子裡，但走近如果看得到內容物，整理就沒有效果了。換成可以隱藏一半以上的高盒，外觀也變美了。

猶豫的話，將房間裡
沒有的顏色藏起來

雖然很可愛但是擺出來真的沒關係嗎？當這樣猶豫的時候，如果是「房間沒有的顏色」就藏起來吧！不隨意增加房子裡的顏色比較好喔。

將吧檯上看得見的
料理器具往裡面移動

最近低矮的廚房吧檯增加，洗好的筷子從餐廳這邊就能看見，而產生凌亂感，在廚房側邊重新找個位置擺放吧。

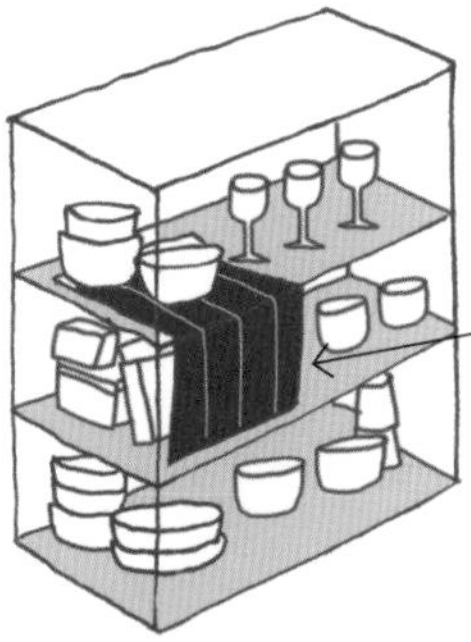

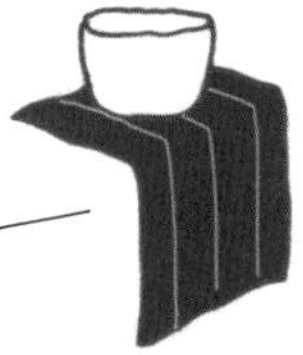

不想讓人看到櫥櫃裡面，
就用桌巾遮住

當食器看起來太過雜亂時，像插圖這般，從上層垂下桌巾藏起來，是只想遮住一部分時的方法。

CUPBOARD

都是四角形
就加點圓形物品

收納用品的四角形雖然看得出有在整理，但是如果太多的話就跟辦公室一樣了。加一個圓形物品和緩一下吧。

筆筒以兩個創造一致感

準備兩個一樣的筆筒，和房子裡所擁有的顏色做串聯，讓氣氛變得更好。

文具數量儘量減少，
將預備品放進抽屜

放在固定位置的文具也是，數量一多就散發出凌亂感。在外面只放必要的數量，將備品放進抽屜裡吧。

不管哪裡
都能使用的小花瓶

一擺上花之後，空間就顯得和諧，視線也會集中在其上。放書的書架、放DM的場所、沒有生命力的地方，放上小花瓶後大家的笑容也增加了。

Q&A 請問衛浴、臥房、玄關的大小事

LDK以外的地方也散發出凌亂感，對此很是在意，請教教我該怎麼做才好呢？

Q 衛浴的小窗戶該怎麼裝飾比較好？

A 小窗戶散發出工業用品的冷硬感，特別是黑色窗框更讓人有這種印象。如果放上小東西無法壓住這樣的窗戶，放上20公分左右的時鐘如何呢？將框稍微遮住，工業用品的冷硬感也會變得柔和。

雖然遮住了一點光線，但放上黑色時鐘後一致感就出來了。

不管放什麼都不適合的黑色小窗。

Q 臥房的畫讓人覺得煩躁，拿掉會比較好嗎？

A 是的。因為臥房主要目的是睡眠，如果在從床頭看得到的位置擺設畫作的話，容易讓人煩躁睡不著，可以掛在枕頭後方或是身體側邊的位置。

改變畫的位置，就不會令人感覺煩躁。

Q 玄關的鏤空空間，不知道到底是做什麼用的？

A 玄關的鏤空空間，雖然蓋房子的建商好意的說「這裡也可以使用喔」，卻意外的令人感到困擾。因為是小空間且為了不讓其顯得零散，「白色」「迷你小車」「木作玩具」等在外觀上限定範圍，放2～3個這樣的單品，就容易看起來一致了。

改變畫的位置，就不會令人感覺煩躁。

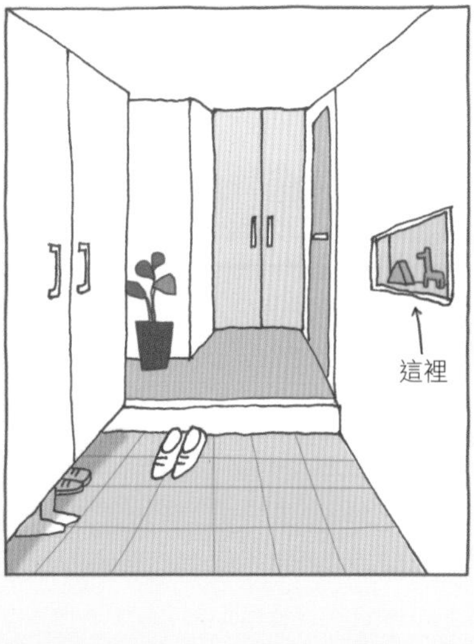

HATENA'S VOICE

身邊的小變化讓心情也雀躍起來，果夏小姐也是看到這麼多東西後開始「誒～」「Woo～」「這是什麼！」「這在哪裡有賣？」笑著問一大堆問題。

DIY？
哇～
好想買
放進無印良品
的兩個籃子，
這樣不錯耶
這個，
我超喜歡的！

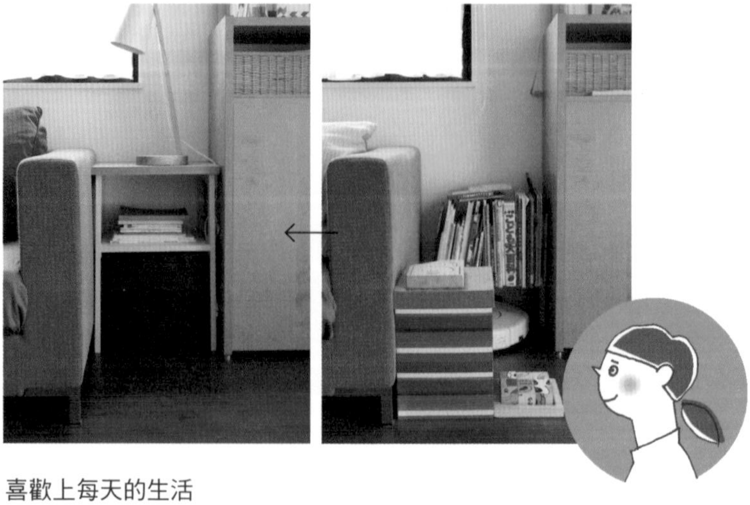

喜歡上每天的生活

在第二章LDK的收納中加入「室內設計視角的follow術」，將積存在房子裡的凌亂感消除。將難以使用的地方變得方便而且更美觀，果夏小姐看了之後這麼覺得這樣的喜悅不只是兩倍而是三倍、四倍呢。喜歡上每天的生活，這麼做說不定是最快的捷徑喔。

3

亂成一團！擺平「那間房」吧

住居和人一樣，不只是理論而已所以很有趣，這是我的住居論。徹底整理的房子還是有凌亂的地方，令人煩惱的房間……。就算把這些都囊括進去，我還是愛我的家。所以對於亂成一團的「那間房間」也是，不將其作為惡，想去消滅它，而是抱持著「讓家好好活著」的心情去改善它。

Lesson #005

不管誰的家都有一兩間令人煩惱的房間

「果夏小姐的家，比起你自己說的整齊多了呢！」我這麼說

「沒有沒有，那是因為川上老師還沒有看到那間房間，所以才會這麼說呢。」果夏小姐一邊說著似乎有隱情的話，一邊帶我參觀小孩的房間。

喔！這裡真的東西很多耶！

「是吧！真是受不了。」

因為小孩已經長大，比起時尚的兒童房，更想要給小孩能在其中快樂成長的空間。果然是天下父母心啊

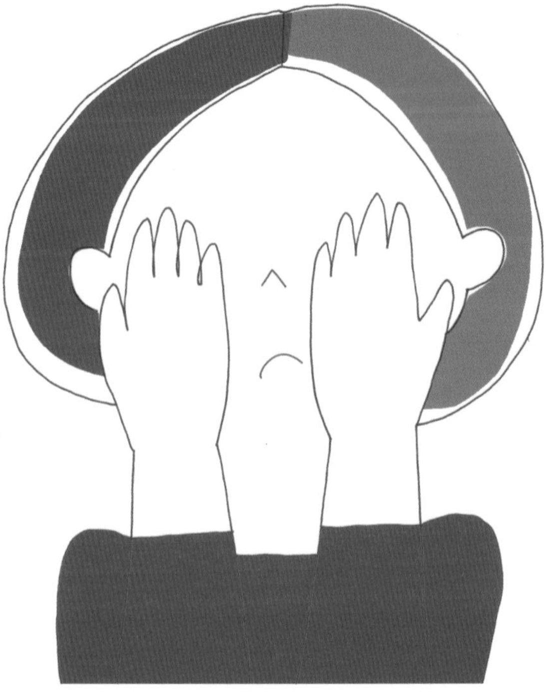

這個時候首先要做的事

即使說「沒有整理」，也是有不同等級的。沒有歸位的東西散落一地這種程度是Level 1，地上堆滿了東西，房間亂成一團是Level5。如果分成五個等級這個房間大概在3.5左右吧。雖然一想到要整理就覺得心情很沉重，但首先自己評量將狀況數據化，放輕鬆一點吧，這樣就能脫離煩躁的心情，向前邁進一步。

因為是小孩重要的生活空間，讓房間重生吧！

Level3以上的情況，解決的方法有兩種。

1.處理物品，並重新決定位置的「物品整理」

2.從傢具開始重新評估的「房間重生」

如果只是放東西的房間，只做1就可以了，但這裡是小孩的房間啊！在這裡玩耍、唸書，是孩子成長重要的空間。讓「房間重生」、重新整理環境是必須的。好了，既然已經決定，就動手吧！

果夏小姐家讓人煩惱的房間，東西整個滿出來，地板上也是散落一地。

因為是孩子重要的生活空間，從收納到室內設計，讓「房間重生」吧！

Lesson #006

讓雜亂房間重生的成功法

到房間變得美觀為止，到底要走多遠的路？
哪裡很困難，要怎麼做才會到終點？
我用容易理解的地圖來解說吧！

START

混沌深邃的森林

1 為什麼？了解原因

- 收納的地點足夠嗎？
- 現在是好收拾的狀態嗎？
- 訂立實行的計劃

持續正能量的上坡

2 移動物品

- 爽快的丟掉不要的東西
- 移除不用的傢具
- 不使用的物品移到儲藏室

將空箱子和舊紙類等不要的東西，一開始就爽快的處理掉。這樣一來，房間裡就只剩下需要收拾的物品，可以確定需要收納的數量。

一開始雖然覺得沒辦法，但為了探索原因還是向前邁進。

看得到美麗的風景

4 裝飾

GOAL

- 在空白的牆壁上貼海報
- 更換窗簾與地毯
- 加上具有回憶的擺飾

實際上的終點

3 放進新的傢具

- 擺設新傢具
- 只放置在新傢具上使用的東西
- 整頓物品的固定位置

傢具放入之後，目前為止的混亂就像一場騙局，房子變得漂亮起來。在此心念一轉，決定新的位置，物品也重新定位。

因為是伴隨小孩成長而需要變化的房間，儘量不花預算的裝飾自己喜愛的物品，並與房間使用的顏色一致後就完成拉！

這裡很危險！令人驚訝的是房間的東西太多太廣泛！真的可以收好嗎？但雖然感到十分不安，越過這座山就能看到終點了。

1 為什麼？

了解原因，原來問題出在傢具

在不管哪裡都很雜亂的房間，東西都滿出來了。東西很多這件事，換句話說就是「收納的空間很少」。對於「讓房間重生」來說，為了讓「東西」和「收納空間」達到一致，不得不找到其中的平衡。

果夏小姐的家，因為傢具很多，相對的「收納的空間」就有點不足。因此這裡挑選的新傢具容量增大，外觀也看起來更簡潔。

因為深度不一的關係，傢具並排時顯得凹凸不平，這是無法看起來簡潔的原因之一，最好的方式是將兩個書櫃換掉。

after ← before

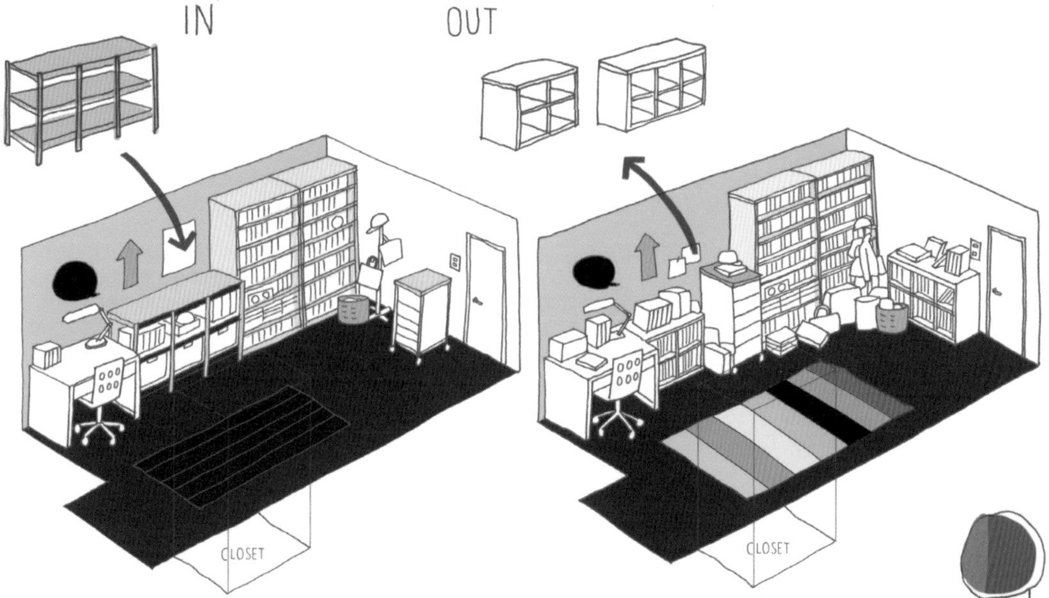

完成預想圖。撤掉兩個書櫃，放入新的，收納力增加、順手度與外觀也升級。

現在的狀態。有兩個放學雜用品的書櫃，收納空間也顯得瑣碎，集中成一個使用也比較順手。

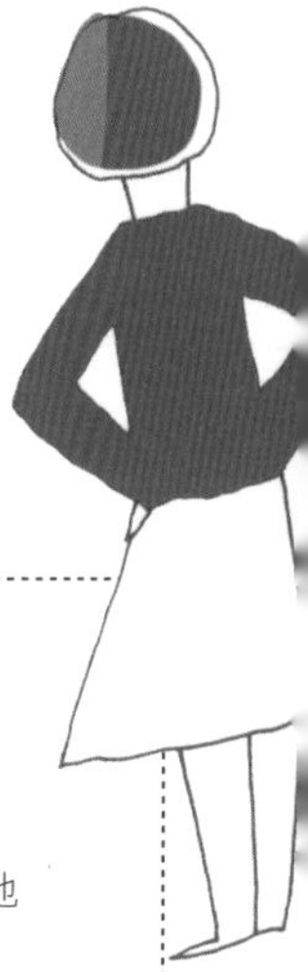

雜亂的原因，改正這裡吧！

1. 兩個書架改成一個 → 同樣的東西集中在一個地方，使用也變得順手
2. 加入新的長書架 →  看起來簡潔
3. 從書到畫畫工具都能收納的萬能架子 → 要做適當的大小
4. 將箱子和包包掛架移到門邊 → 將不一樣的傢具集中

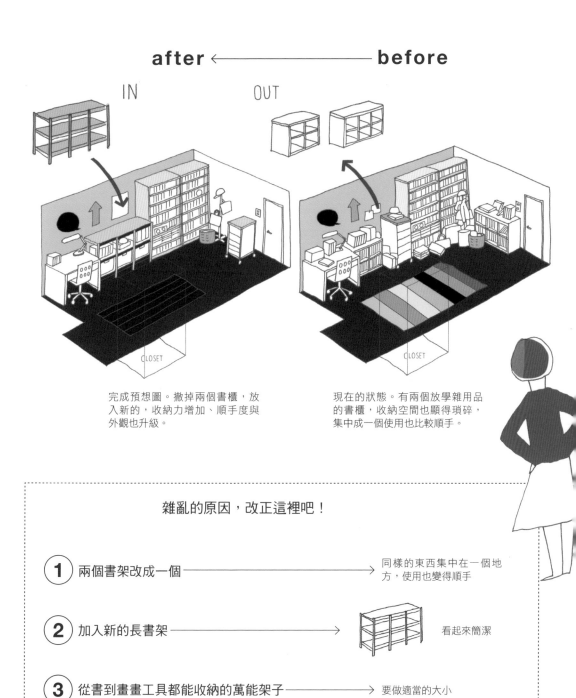

2 移動物品

將壁櫃利用到極限並減少物品

雖然說買了新傢具，但將東西減量、分類這樣將物品重新調整的作業是必須的。因為現在充滿要與不要的東西，就照著1↓5的順序整理吧。這說起來簡單，實際上卻是大工程呢。但只要跨越這看來不起眼卻困難的事後，就能一股氣向終點前進喔，加油吧！在1~5之中，毫無疑問4是最重要。「雖然不丟但又用不到的東西」儘量塞進壁櫃（房內附的衣櫃與櫥櫃）吧！

① 爽快的把不要的東西丟要

② 將舊櫃子裡的東西清空

撤掉書桌旁的書架。

將裡面的東西清空。

重點1

從簡單的作業開始進行！

先將必要的東西保留，再從忘了丟的紙屑、空箱等擺明不需要的東西開始丟起。這麼一來不會因為猶豫而暫停，能順利的進行作業。

③ 清出的東西放在地上，並以現在「用」與「不用」分類

重點2

一口氣分類後，接下來進行下個階段

雖然房間裡東西很多，但不要感到氣餒。將「要用與不用的東西分開」並不是為了知道使用頻率，而是為了下一階段：將現在不用的物品收進壁櫃裡而做。因此並不需要詳細的分類。

④ 不用的東西收進壁櫃裡

before

看這張照片說「哪裡有問題呢？」的人，很可能無法完整利用壁櫃收納！

收納的規則：「先將空間空出來」。將它作為全新的收納空間來思考，會比較容易規劃。（因為就這樣把東西放進去很快就滿了）

after

利用不要的傢具做簡易的架子，收納量就增加囉。架子上方是很輕的玩具空盒，下方紙箱裡則放使用過的教材，這樣房間的東西就收好了。

⑤ 剩下的收進傢具裡

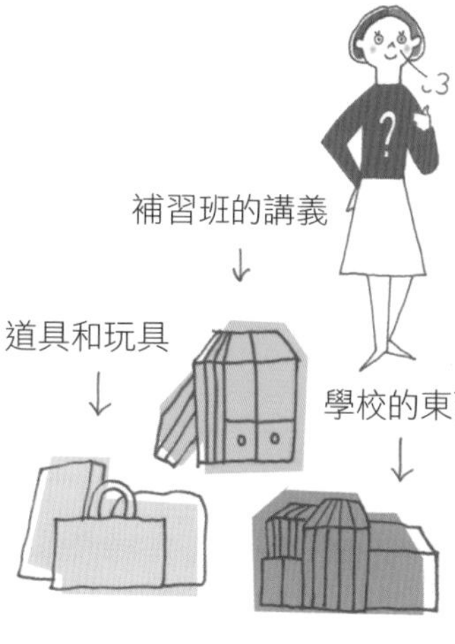

重點3

剩下的東西確實分類放進新傢具中

將不用的東西收進壁櫃內後，現在房間裡只剩「要用」的東西。將「要用」的東西移到新的傢具中，並且將放在地上的物品相同用途分在一起，這樣一來，就能知道「重複」的數量和物品了。如果有不要的東西就處理掉。

3 更換傢具

用尺寸剛剛好的DIY傢具煥然一新

唰～將東西移動後，放入新的傢具。舊的傢具占地144公分，意外的是個相當大的空間。考慮到收納容量，雖然討論過較高的傢具，但因為容易產生壓迫感，就決定高度為80公分，設計輕盈的架子，然後擺上去吧！

傢具太瑣碎，看起來比實際上更雜亂。

重點1 方便拿取的開放式架子

將小孩的物品放進去架子比較好，開放式的架子拿取也較容易。書本直立擺放，下面的盒子則裝繪畫用具或玩具等形狀不固定的東西。

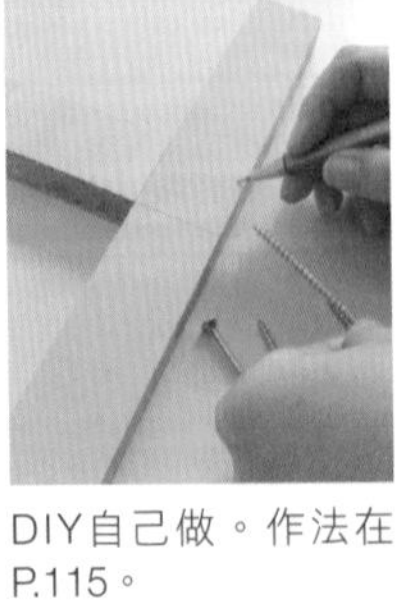

DIY自己做。作法在P.115。

寬140公分的架子，傢具不再顯得凹凸不平，看起來很清爽。「房間看起來變大了。」果夏小姐說。

重點2

小孩房的收納要放得進A4大小

薄紗窗簾的透明感和全白的牆壁容易相襯，加上花紋則能帶來和緩的變化。和普通的窗簾、牆壁或是同樣白底的花紋也十分好搭配。（照片，下右）

重點3

像是訂製一般，剛剛好的DIY

雖然並不一定要DIY，但如果自己做合適大小的傢具，像是訂製一般，將空間物盡其用，房間的可能性也變得更寬廣。

前面有黑板，可以像這樣將內容描述。好想要快樂的收納呀！

before

傢具擠在一起，東西都很難拿取的狀況。白色的書架移到臥房，這裡面的書和學習用品則移到壁櫃裡。

after

將收納櫃移到白色書架的位置，包包掛架則移到裡面，從大書櫃拿書變得容易了。

Q&A 小孩的傢具要怎麼選？

小孩入學時，想要買書桌，除此之外還要注意什麼嗎？

A 以前上班時，曾經從事孩童傢具研發的工作，由那時的經驗得知，兒童的傢具需要注意的是能隨著「成長」而改變。

選擇多功能的收納

小學的時候玩具很多，而長大後書和運動用品則會增加。從這裡預想的話，收納傢具選擇什麼都可以收的多功能收納會比較適合。

重要的是椅子

從進小學到長大成人，男女平均會長高40～50公分。這時可以使用對身體好，能夠調整高度的旋轉椅。剛入學時還很矮，將椅子調高縮短與桌面的距離，因為和大人使用一樣高度的桌子，就像小孩穿大人的鞋子出門一般，與身體不合的部分，就用椅子來調整吧！這樣一來才不會養成不良姿勢；而且現在市面上也出了各式各樣孩童用的旋轉椅。

4 裝飾

即使在不大的房間內使用也OK

這裡是追加篇。稍微裝飾一下，室內裝飾也好了。但是小孩子一長大，漸漸不適合幼稚園、小學入學時使用的鮮豔正色。將手邊的物品加上雅致的顏色，即使範圍不大也能增加氣氛。這樣一來，應該會更喜愛這個房間吧。

重點1

因為書櫃和架子有著高低差，貼上大張海報取得平衡。

重點2

女孩子的話則可以在粉紅色上加點灰色或白色，在可愛中帶點復古雅致。

是果夏小姐在入住時所挑選的兩個IKEA板子掛在綠色的壁紙上。後來加上海報及架子、文件夾選擇基本的藏青色（架子是前面沒有黑板的版本）。

將正色與卡通圖案換成單色的字母海報，變成小孩長大後也可以使用的空間氛圍。窗簾等東西如果手作的話就不會花錢了喔。

ITEM LIST

海報：字母海報／SNUG.STUDIO（德國）
地毯：SOFTEN／IKEA
文件夾：GBOXPP／KING JIM

How to #022

不用縫紉，刷～刷～做出遮蔽窗簾

小孩房間常有沒有窗簾軌道的窄窗。光線會透進來，想要稍微遮起來……，這是不想花時間（和錢）的時候一下就能完成的窗簾。雖然這裡是使用熨斗貼布不需要縫紉的版本，但如果是擅長縫紉的人用縫的也ok。

雖然只是穿過桿子的簡易窗簾，但加入圖案後超有氣氛（作法在P.124）。

重點1

和其他物品一致的黑色圖案

因為牆壁是綠色，所以窗簾選擇簡單的白色。用黑板和字母海報的「黑」來作為花紋，整體展現出一致感。

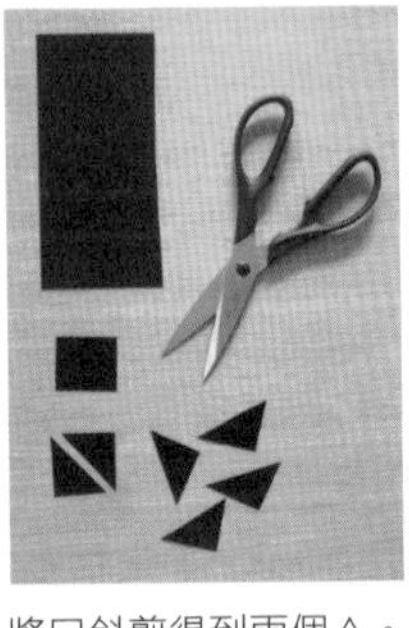

將□斜剪得到兩個△。

重點2

加入圖案變得可愛

將圖案加入後就變成獨一無二，請一定要試試看。圖案可以自由選擇，這次是從□得到兩個實惠的▷。丹麥的生活品牌「HAY」從幾年前開始，格子和▷主題都是十分受歡迎的商品。

How to #023
用小孩衣服做出擁抱回憶的字母

整理時總有要處理小孩小時候穿的衣服的時候，把喜歡的衣服做成字母裝飾如何？用在他要長大前的一點時間，留下充滿回憶的可愛造型吧。

把衣服裁剪貼在紙板做成的字母上（作法在P.125）。

重點1
重點在於厚度

加上厚的紙板，不然看起來很廉價就不好了；圖案也以能裝飾房子為基準來挑選。

重點2
容易做的形狀

雖然想做名字的字母，但是OSC這樣圓形的或AWK這樣有銳角的字母比較難，建議選擇HLT這樣直線型的。

重點3
難的時候就用直線

用紙板做四角形的面板，更是輕易就能完成。

HATENA'S VOICE

兒子十分喜歡房間裡的新架子，馬上就開始使用了。將混亂的「那個房間」整理後，果夏小姐十分感慨的喃喃自語著：「家裡變整齊，心情真好～」

開心的Before-After結束了

第三章將不管誰的家都有的「有著問題的那個房間」整理完了。大型企劃總算完成真是有成就感。最後一天，一邊做著最後的整理工作時，「怎麼感覺有點寂寞啊～」兩個人同時說道。「我會再來啊！」然後笑著從果夏家離去。

4

DIY傢具的作法和室內藝廊

這裡開始是從果夏小姐家離開後，成立工作室後的我家。將告訴大家到第三章為止所介紹的 DIY 傢具的作法，與使用的搭配建議。這裡的傢具是平常不做的人也會，誒～這樣做的話我也可以啊……知道自己的可能性而感到開心。因為知道就是萬事的起頭啊。

YK' S INTERIOR LAB WORKS

自己動手做生活感傢具

如果自己DIY的話，比起手作感十足的手工藝品，我覺得可以襯托自己的所有物的簡約傢具更好。而且具有生活感的傢具，即使加進房間裡，也不會顯得突兀。想要做各式各樣的排列、或是放在日本住家中也能馬上契合，可以考慮四方形、時尚的設計。

coordinate 01

邊桌襯托藏青色的入口（右）

DIY手作的邊桌放在藏青色的牆壁前面。這個入口給人小巧的印象。邊桌上面放置迎賓用的花及25公分高的花瓶，十分華麗。層板上的托盤則放進鑰匙等小物。沈重的藏青色搭配白色的傢具與地板，變得輕快起來。

coordinate 02

進階的簡約風作法（左）

在第三章出場的架子加上吊衣桿，以簡單風格做配置。運用增加低彩度的物品，讓品味更上一層。顏色限定在白～茶色之間。O的擺飾和疊起的文庫本……，運用物體形狀的改變讓視覺不單調。（全部為私人物品）

YK' S INTERIOR LAB WORKS

我做DIY手作的特色

雖然是很久很久以前的事，但我一開始是從傢具設計出身的。

學習木材的知識、在工廠裡請教職人如何加工（有時還會被罵）、製圖等，一邊手忙腳亂一邊累積經驗的二十幾歲。

從這樣的經驗想來，就覺得在家裡做的傢具容易顯得寒酸而感到困擾。用在材料行所能網羅到的材料，要怎麼才能做那種一直想要用看看的傢具呢？

經過我一再嘗試後關於材料與加工有四個大重點。

構造單純的傢具，調整架子的位置或厚度等微小的設計，美觀度就能改變。找到A4尺寸可以放入、又好看的平衡設計。

重點①

好施作的材料 使用木芯板

椴木芯板是中間是柔軟的南洋楹，兩側為堅硬合板的傢具用材料。因為不彎曲與沒有節，所以好上螺絲，好施作是其特色。特別是椴木看起來是白色木材，外表也沒有問題。可以在居家材料專賣店輕鬆購入，我給予五星的推薦材料。

重點②

用木紋貼布正式完工

在椴木芯板貼上同樣的椴木紋貼布，木頭的切面與螺絲的痕跡就被隱藏起來了（看這裡的木頭就能明白不同之處），將凝眼的螺絲痕隱藏後手作的粗糙感被消除，完成度也變高了。

重點③

記得電鑽要用「1秒旋轉」法

電鑽是施作時不可缺少的工具。不習慣使用的女性，請一定要記住1秒1秒按壓的「微旋轉」法。巧妙的增減力道，鎖螺絲變得更順了。此外，我家愛用款是「BOSCH GSR 10.8v」，好拿且功率剛剛好。

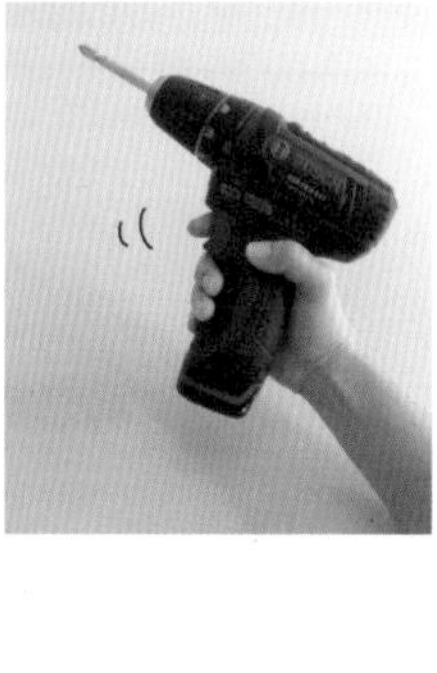

重點④

用螺絲組裝木頭，裁切則到居家材料專賣店

組裝木頭使用的不是釘子，而是木工施作用的「木工螺絲」。這種螺絲不易脫落，組裝較薄的板子時也不會裂開。合板一次買都是一大片，想要裁切需要的尺寸，可以利用居家材料專門店的裁切服務。

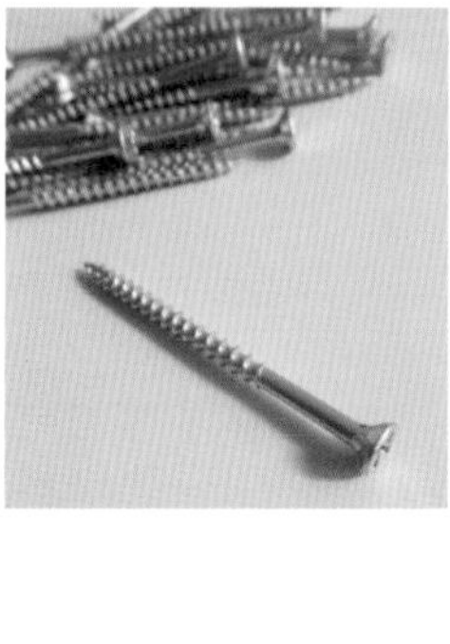

DIY—基本

邊桌的作法

用框架做桌腳，打造輕盈的邊桌；是看不到螺絲，小巧且正統的作法。

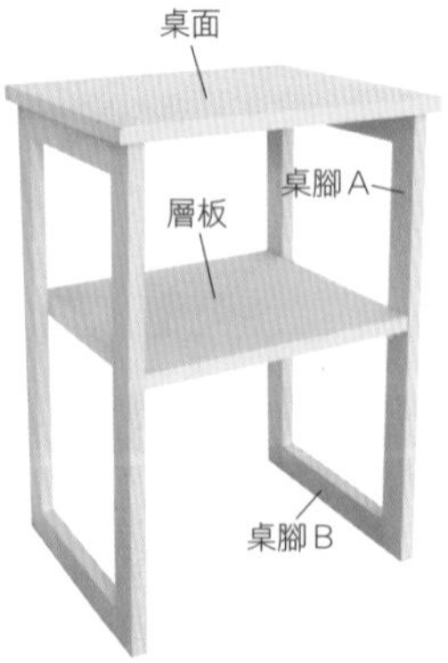

材料

主體使用厚18mm的椴木芯板

- 桌腳A（寬40×長582mm）X4支
- 桌腳B（寬40×長240mm）X4支
- 桌面（寬420×長340mm）X1片
- 層板（寬364×長320mm）X1片
- 木工螺絲（安裝桌腳用：3.8×75mm）×16個
  〃　（安裝桌面用：3.8×50mm）×6個
- L型角鐵（20X20mm）×4個
- 安裝L型角鐵用：皿頭螺絲（3×16mm）×8個
- 木紋貼布 椴木色 寬18mm×約10m

工具

- 電鑽
- 砂紙（200號）適量

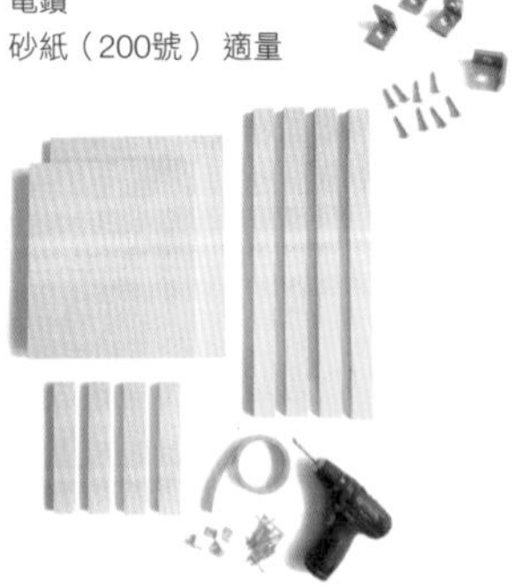

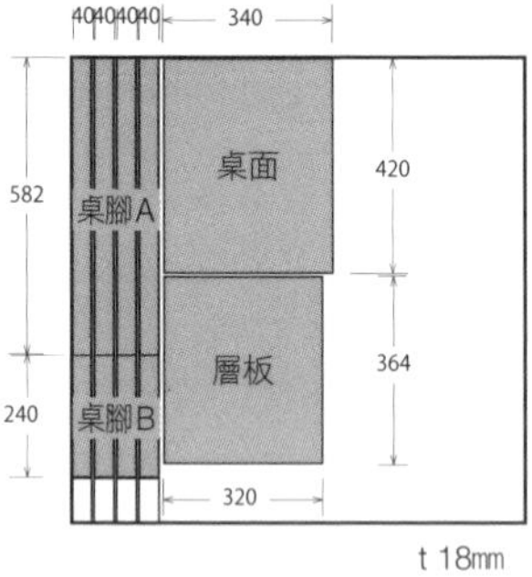

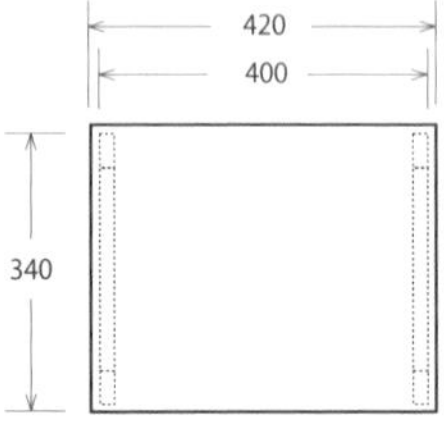

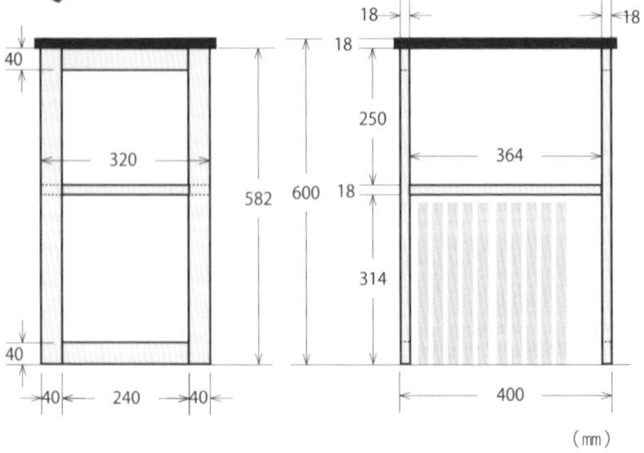

1 製作木框桌腳

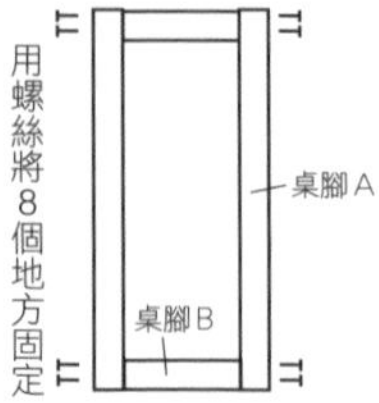

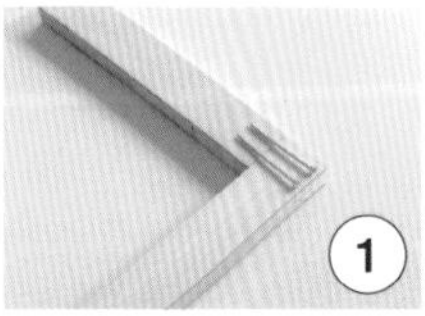

這樣看由A的側面將Ｂ各用2個螺絲固定住

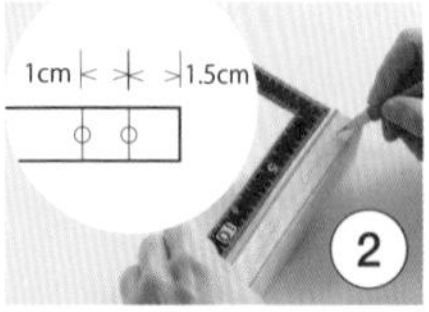

從Ａ的上方開始在1.5公分、1公分處畫線（在這裡鑽上螺絲，因為最後會遮住，所以就算位置有點偏也沒關係）

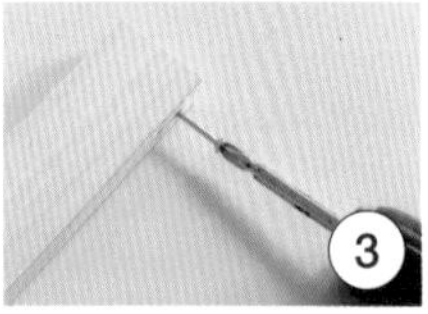

在做記號的地方鑽上螺絲並穿過Ａ

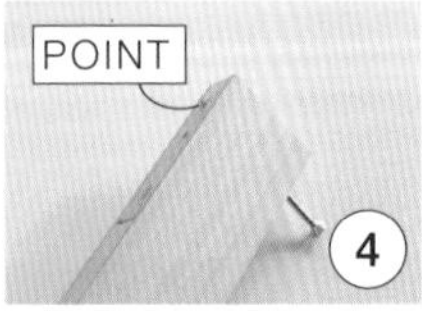

當螺絲突出前面一點就停止（將螺絲的前端刺進B，決定位置變得很簡單）

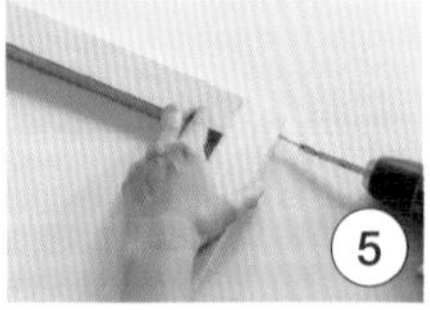

一邊將螺絲的前端刺入，一邊將A和B垂直組裝，用力壓將第一支螺絲鎖進去（為了不讓螺絲頭突出來，將螺絲向裡面多鑽1～2mm）

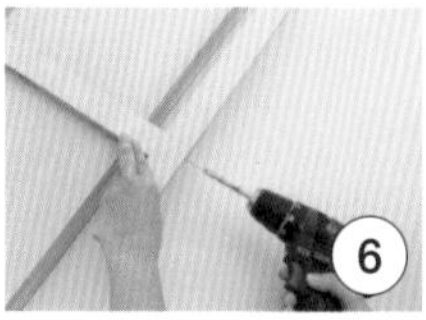

難以使用電鑽的時候，移到層架上就好施作了

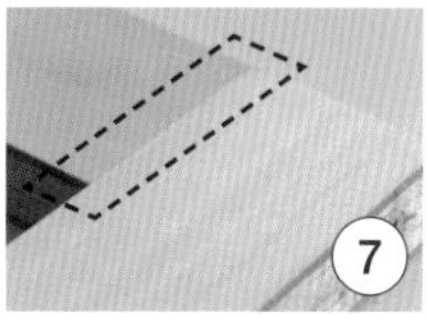

A和B之間的接縫儘量不要凹凸不平與有間隙

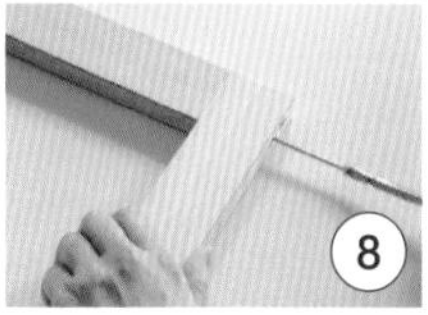

對準記號處螺絲固定第二個螺絲

兩支螺絲固定後的樣子

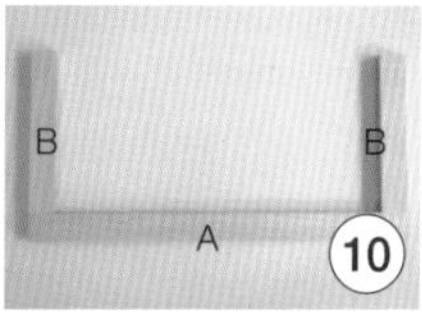

同樣的下方也裝上B

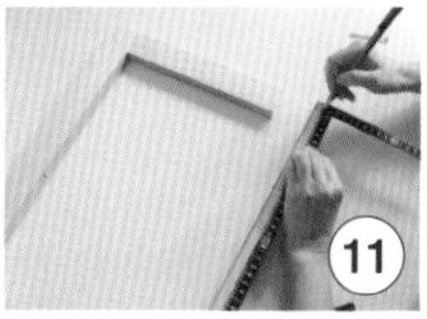

再來同樣的動作，另一面則裝上A

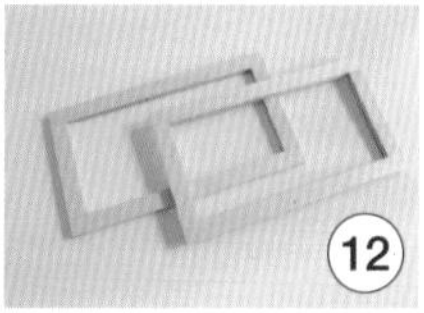

②～⑩再來一次，兩個木框桌腳完成

2 裝上桌面

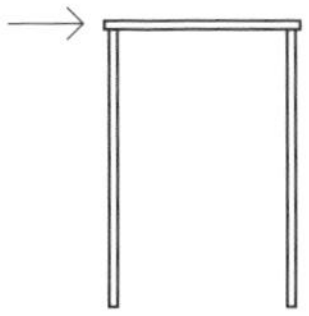

桌腳是有點像八字的設計

桌面的內面將桌腳安裝的位置做記號（這裡要正確的測量）

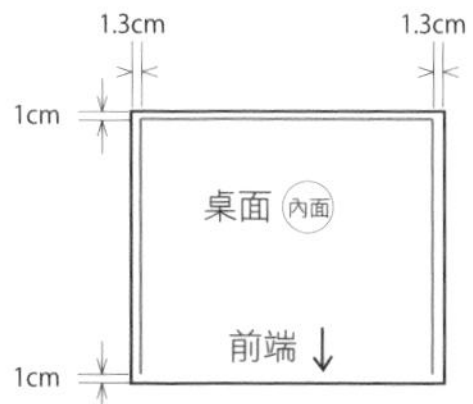

畫上像匚字一樣的線

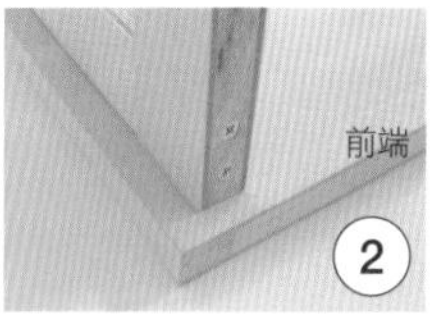

按照記號放上木框桌腳

用三個安裝桌面用螺絲將桌面與桌腳固定起來。位置參照下圖

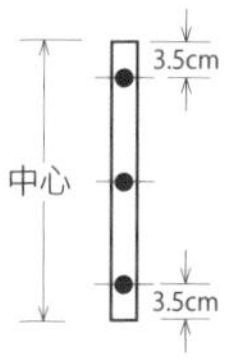

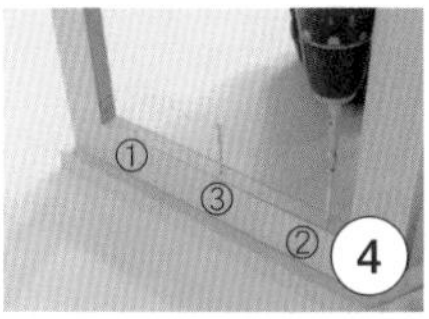

為了好固定，以①～③的順序鎖上螺絲

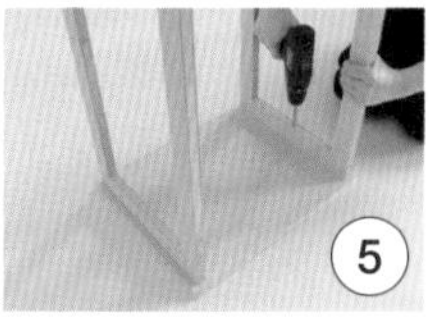

同樣的，對面的桌腳也按照記號鎖上螺絲

裝上桌面的樣子

3 裝上層架

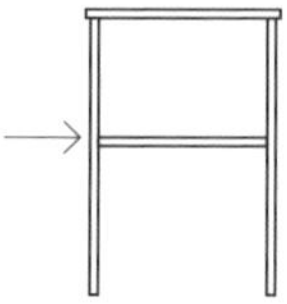

在層板上四個地方裝上L型角鐵

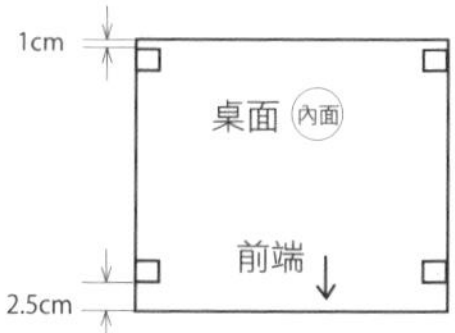

L型角鐵安裝位置

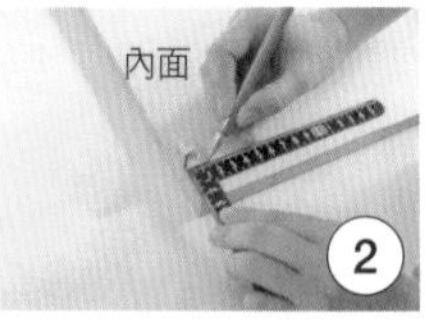

在層板內面，將角鐵要固定的位置做上記號

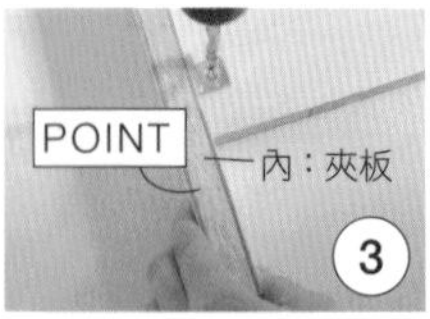

L 型角鐵用同型的螺絲鎖上。在層板旁邊用上圖所示的夾板，L 型角鐵就不會從層板凸出來

在做記號的四個地方，安裝 L 型角鐵

面對層架的這個方向裝上L型角鐵

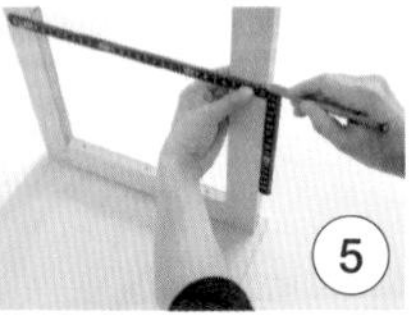

將整個反過來，在層板的安裝位置上做記號（喜歡的位置就可以了，這次是做A4盒子可以放入的大小）

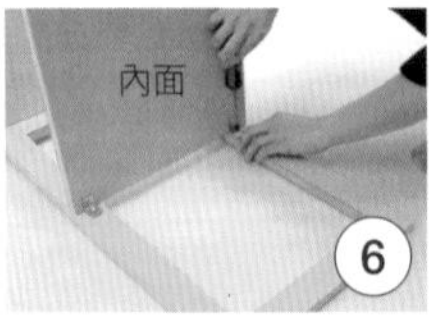

將整體橫躺，在記號處裝上L型角鐵。這裡先暫時做出形狀（累的話就休息一下吧）

4 貼上木紋貼布修飾

用砂紙磨桌腳（比較好貼貼布）

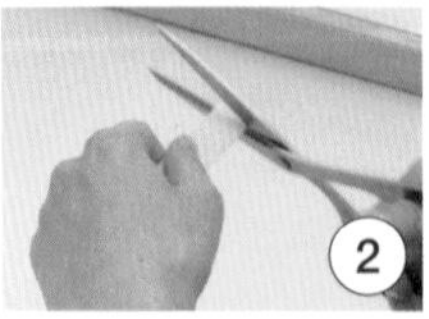

用剪刀將貼布剪平

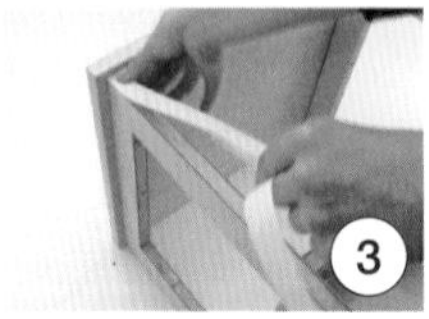

剪平的前端對齊桌腳上方，一邊將貼紙拿掉，一邊貼上木紋貼布

不突出桌腳，直直的貼上貼布

貼到桌腳尾端剪掉

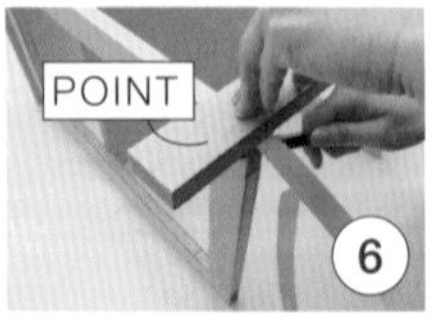

將桌腳上放上夾板，從裡面用美工刀切斷（美工刀慢慢的割夾板2～3次就能得到漂亮的切角）

貼上木紋貼布的樣子

同樣的在層板、桌面的前面與側面都貼上貼布

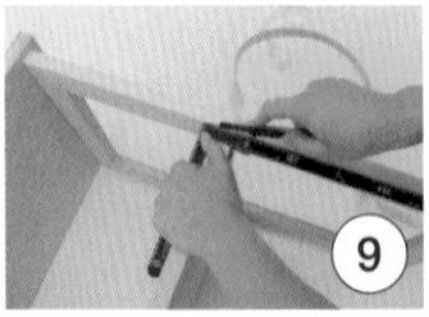

無法使用夾板的地方就用尺將貼布壓住切斷

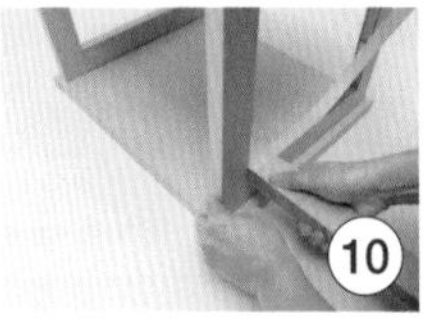

木框桌腳的內側也貼上貼布。因為邊角容易脫落，用布或夾板等用力按住

確認木框桌腳的底部，在看得見的地方都貼上貼布

完成了！

DIY—應用

層架的作法

應用邊桌木框桌腳也能做大型的層架，因為加大，腳的數量也增加，這裡用更有效率的方式製作（P.98）。

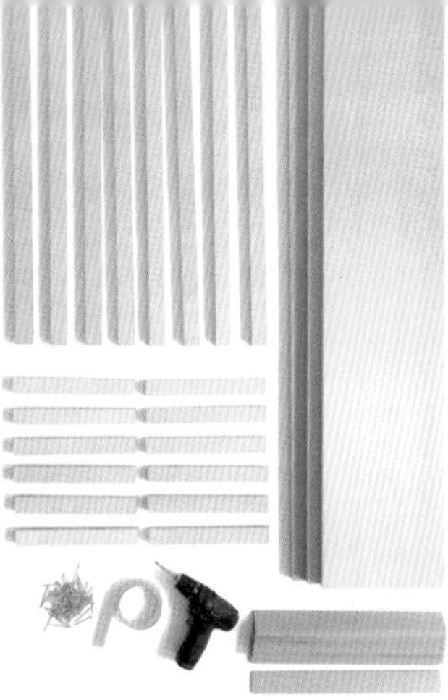

材料

整體使用厚21mm的椴木芯板

- 桌腳A（寬35X長910mm）×8支
- 桌腳B（寬35 X 長276mm）×12支
- 層板（寬275 X 長1400mm）×3片

前板使用厚6mm的貝殼杉木

- 前板A（寬50 X 長438mm）×3片
- 前板B（寬50 X 長439mm）×6片
- 木工螺絲（安裝木框腳用：3.8×75mm）×48個
（安裝層板用：3.8 X 50mm）×48個
- 木紋貼布 椴木色 寬21mm×約10～15m

道具

- 電鑽
- 砂紙（200號）適量

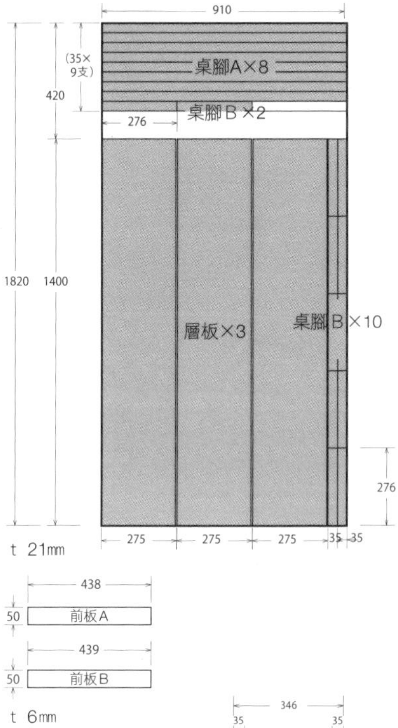

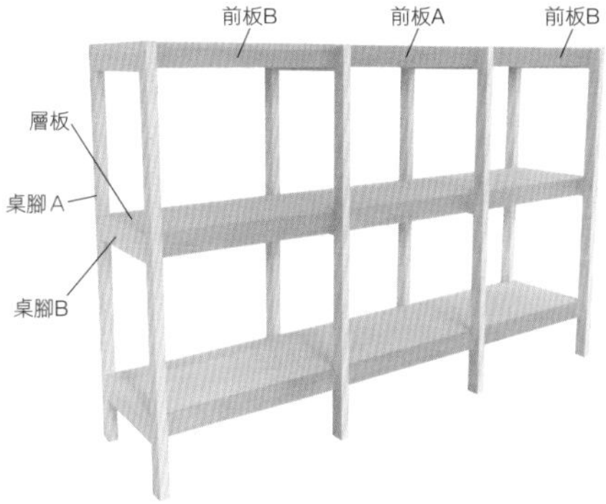

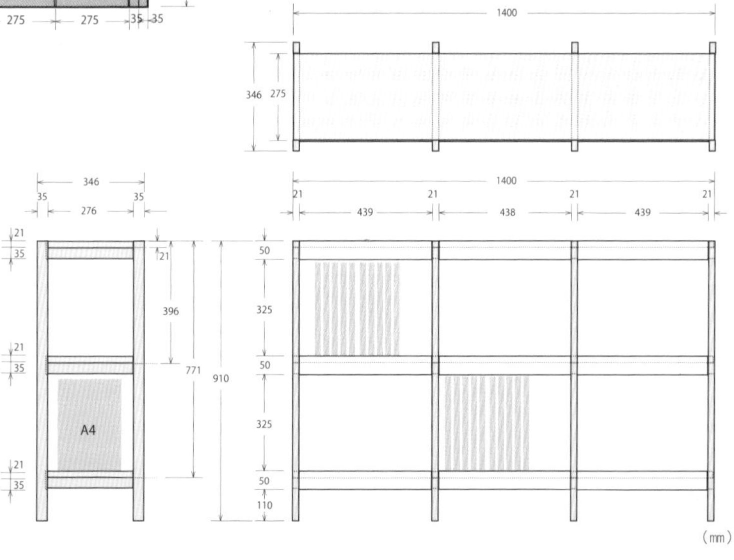

※前板兼具補強的功能，請一定裝。

※為了輕盈的設計將木框腳作為層架的結構，想要更堅固的話可以加上背板。

（mm）

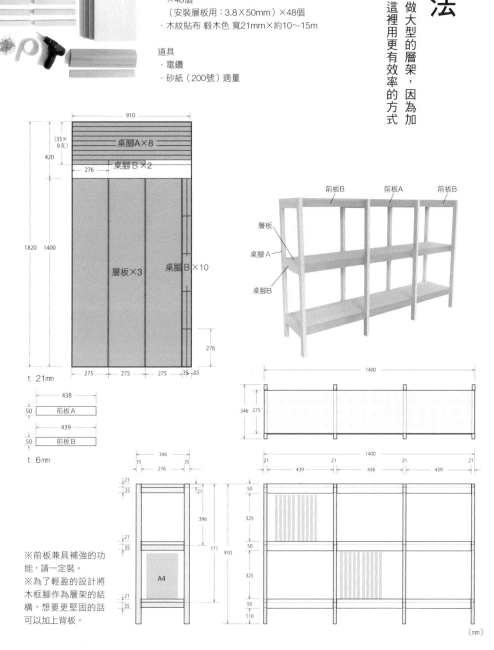

1 製作木框腳（4腳）

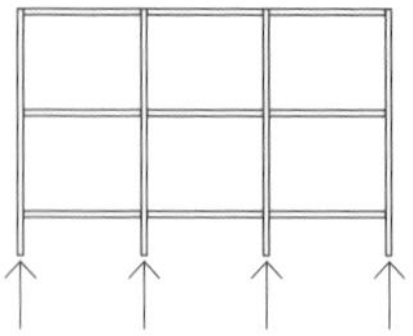

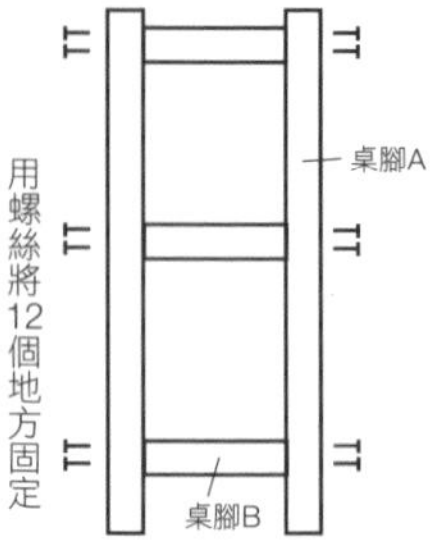

和邊桌的木框桌腳作法相同，唯有桌腳B的位置和數量不同

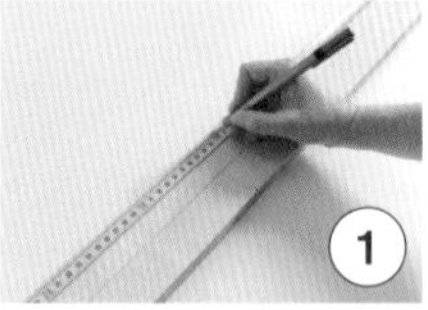

將兩支A並排，並將B的安裝位置做記號。位置參照下圖

橫桿的安裝位置

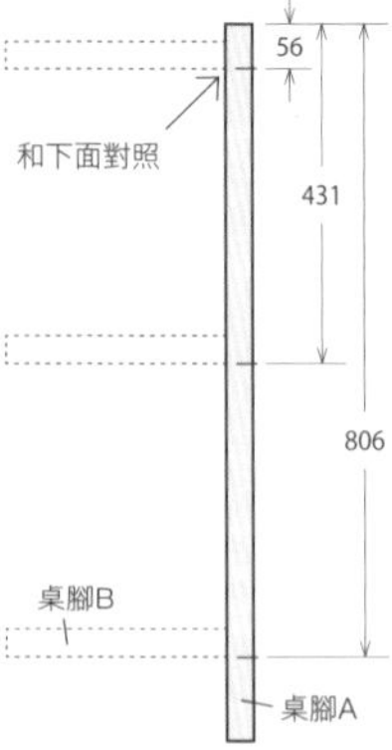

雖然這裡的數字很細瑣，但請正確施作。是可以直立放A4的大小

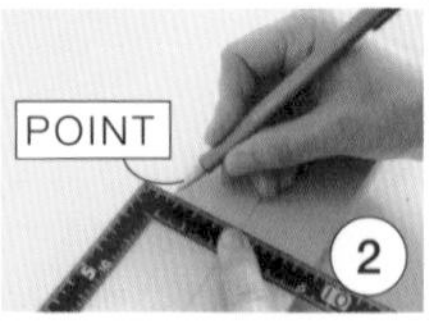

為了有效率，同時在左右兩支腳畫上安裝位置

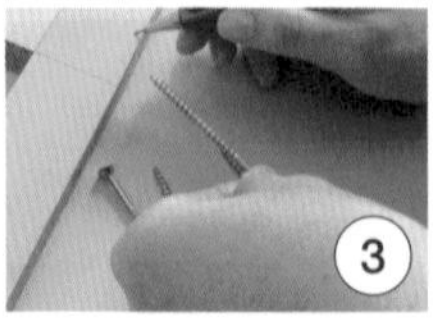

和基本邊桌的木框腳一樣，在A和B上鎖上兩個螺絲

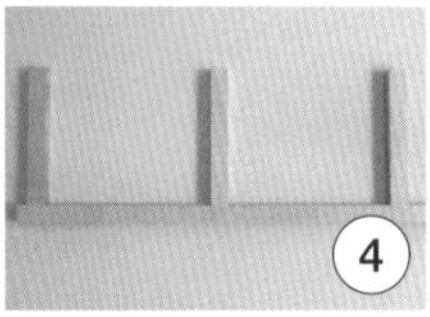

在A上裝上3個B的樣子

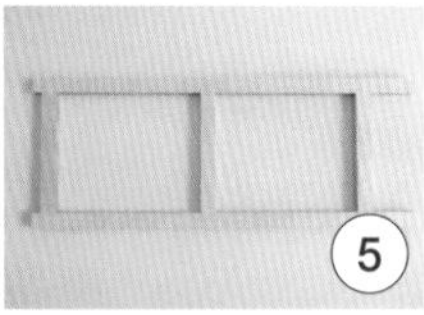

再將另一邊的A用螺絲鎖上。一支木框腳完成。

製作剩下的三支腳。將完成的腳按照尺寸的說明圖樣，在橫桿的安裝位置做記號。（省略測量每一支腳與作記號的工夫）

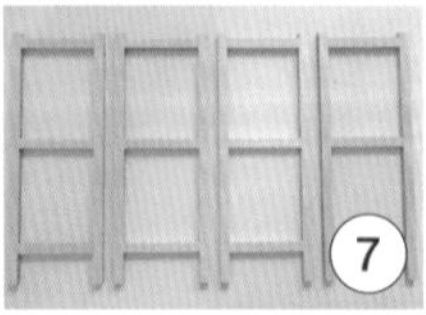

重複同樣的工作，四支腳完成的樣子

2 安裝層板（3枚）

和有桌面的邊桌不同，層架是將層板插入其中，因此層板的安裝方式有點改變。

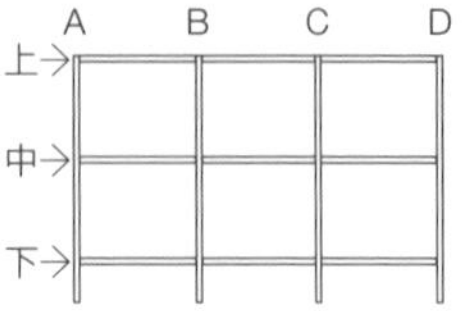

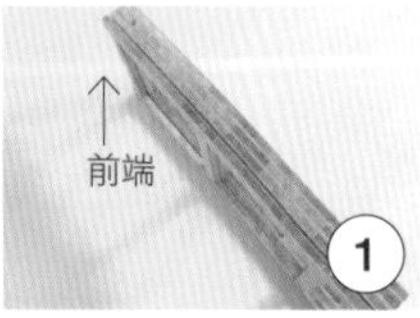

完成的木框腳將前端如上圖所示4腳並排立起（哪個為前端請自行決定）

在4腳並排的木框腳之間，將層板插入〔下〕（可能有很緊不太好插入的狀況）

從兩邊的木框腳開始固定起。首先層板和木框腳對齊〔D下〕的右邊，由框架的下方開始固定4個螺絲（螺絲的位置適當即可）

〔D中〕〔D上〕也照著順序鎖上螺絲。木框腳〔D〕固定之後，同樣的將木框腳〔A〕與層板固定。

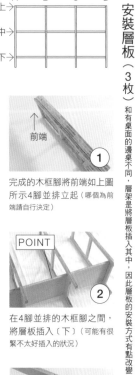

兩邊A、D的木框腳和層架以螺絲固定住後，決定中間還沒固定，木框腳〔B〕〔C〕的位置

這時前板B如下方圖樣決定位置更有效率

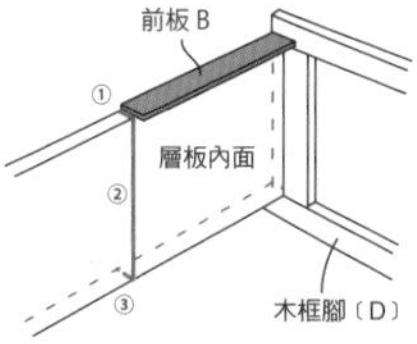

用前板 B 如圖上的三個地方做記號

決定木框腳〔B〕〔C〕的位置後，按照記號將每一支鎖上4個螺絲固定層架

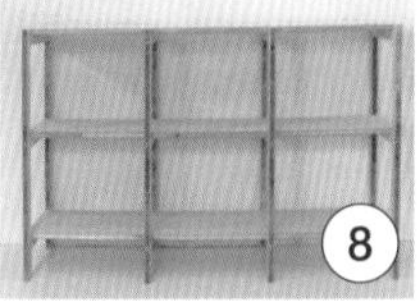

鎖完螺絲後的樣子

3 用木紋貼布修飾

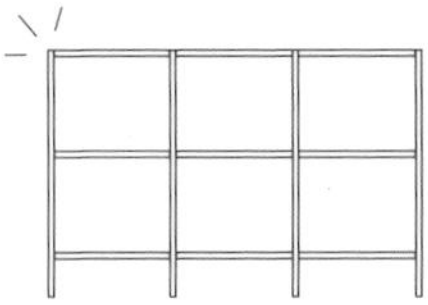

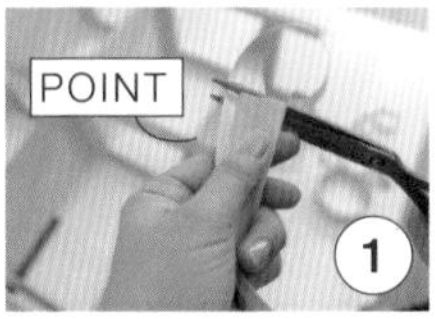

因為要貼的地方很多，預先裁剪需要的木紋貼布，並剪比需要的長度再多一點

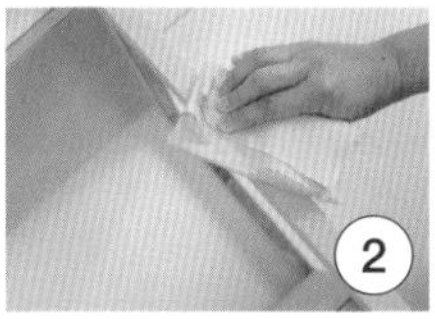

用砂紙打磨切面，並貼上木紋貼布

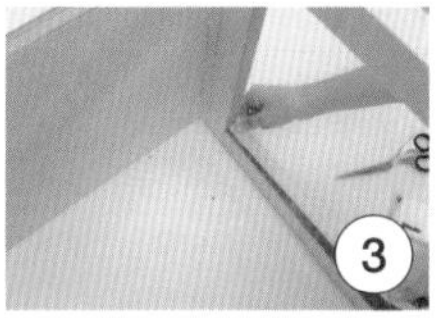

框架的前面、內側、裡面、看得到的地方全部貼上貼布

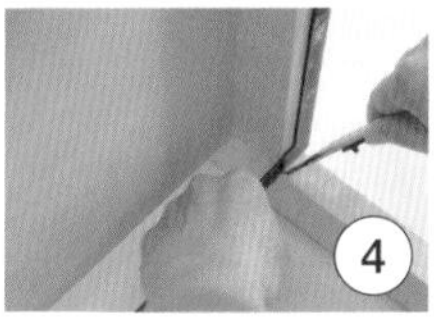

用尺壓住將貼布切斷

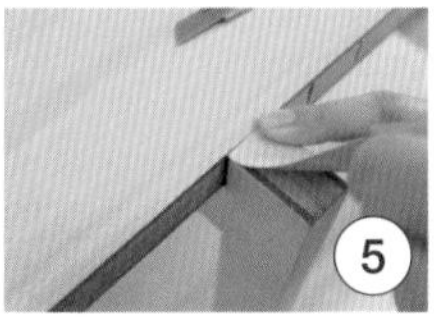

木框腳的上方也不要忘了貼

4 貼前板

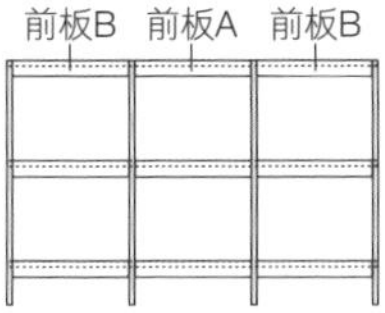

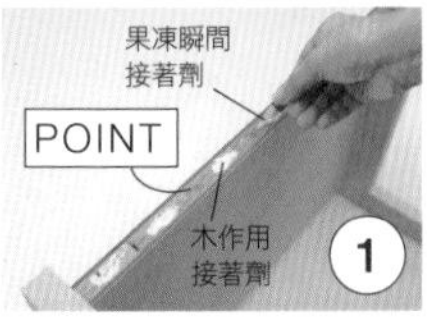

在層板的切口，木工用接著劑和果凍瞬間黏著劑交互使用在六個地方（因為接著劑會垂下來所以放倒下來施作）

在兩邊安裝前板B，層板上方和前板B的接合處是平的

※從側面看起來的樣子，前板與層板上方接合處是平坦的。

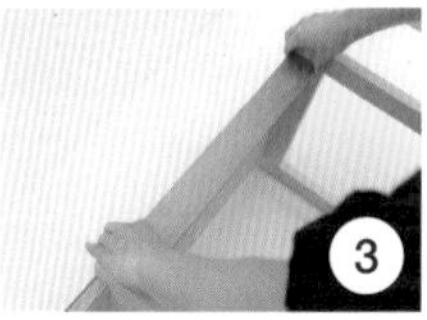

在接著劑固定之前緊緊的壓住

同樣的，在中間貼前板A

這樣就完成囉！

coordinate 04

在窗邊製作小型的室內花園（左）

邊桌的桌面和層板換上舊木材，就變成戶外風了呢。在窗邊地板貼上數枚30公分的四角瓷磚並放上傢具就成為小巧的綠色角落。將和植物與舊木材相襯的字母與物品聚集在一起，即使沒有陽台，也能感受綠意蔓延。（全部為私人物品）

coordinate 03

旅行愛好者的房間、用個性物品裝飾的方法（右）

手掌擺飾和民族風的籃子是旅行時買的土產，總讓人回想起摩納哥的旅途。其放在白色的房間顯得跳tone，但在濃厚黃色牆壁與波斯地毯為背景之下，就十分的相襯。將具有強烈印象的東西和強烈的顏色放在一起並取得平衡，是打造小角落時也能使用的方法。相同的架子因為擺放的東西不同，氛圍也會跟著改變。

時間：40分左右｜費用：共1500～2000日圓
（約台幣600元內）

DIY

匚字型桌上架的作法

想要多增加一點收納時，方便的小型架子。斜鑽是專家使用的鎖螺絲方法，不需要L型角鐵，更因為看不到螺絲讓成品十分美觀。（對照P.66）

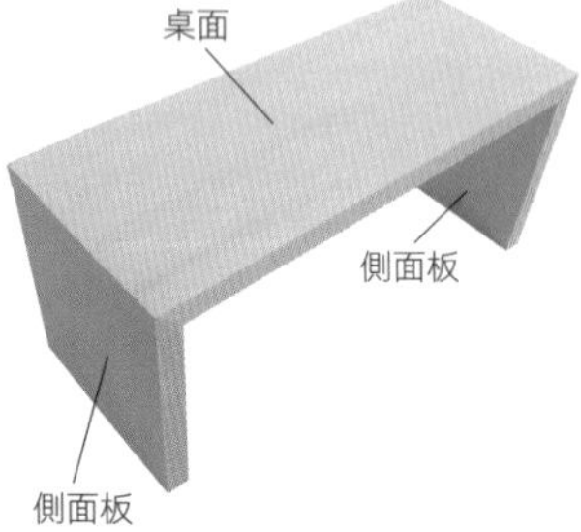

事前準備

A 依據匚字型桌上架擺設的地方決定尺寸大小。

B 依照A，裁切需要的板材。

材料

整體使用厚18mm的椴木芯板

- 桌面X1片
- 側面板X2片
- 木紋貼布
- 木工螺絲（3.8X50mm）

道具

- 電鑽

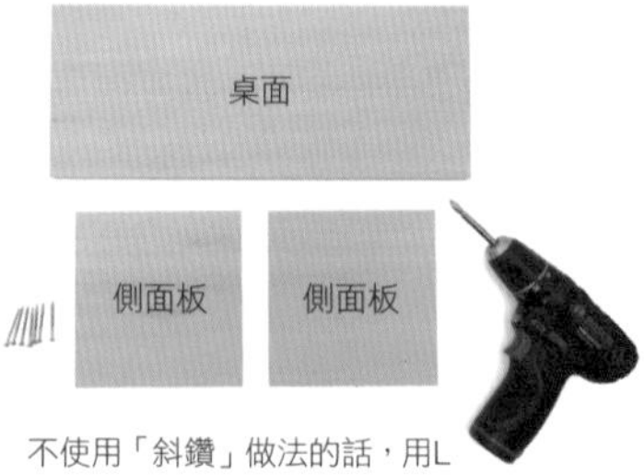

不使用「斜鑽」做法的話，用L型角鐵與螺絲也能製作

1 用斜鑽固定側面板

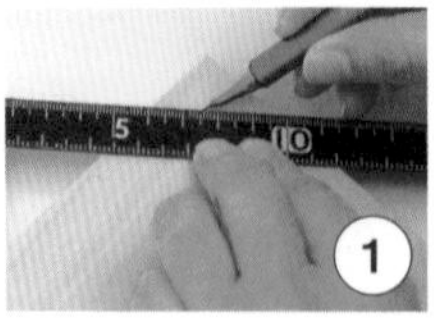

在側面板的兩邊畫線

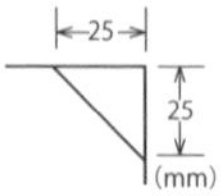

在側面板的側面25公分處也畫線

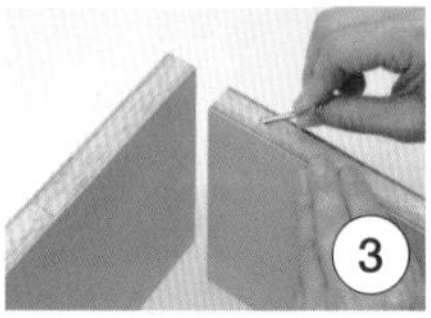

用這樣的角度固定螺絲

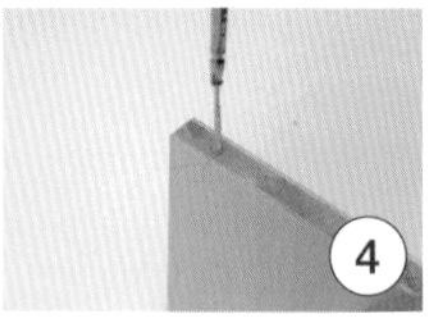

將螺絲立起，鑽入大概5mm

對著線，將螺絲傾斜倒下一點

電鑽對準開始鎖螺絲，到螺絲頭有一些在外面時停止

將桌面與側面板呈90°組裝，緊緊壓住把螺絲鎖緊

2 用木紋貼布修飾

「對貼」是用在高級傢具的切口貼法，細部修飾漂亮，簡單的架子看起來也很有質感。

裝好側面板的樣子

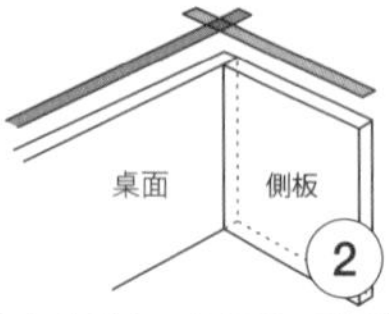

剪木紋貼布，如圖所示將其垂直交疊並多預留1～2公分

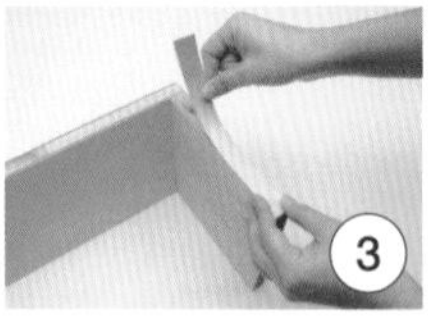

將預先剪好的貼布貼在側面板和桌面的側面

將尺對著桌腳呈45°用美工刀切斷

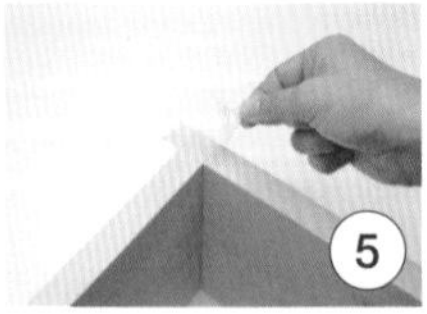

拿掉桌面側邊多餘的木紋貼布

在匚字型桌上架貼皮

將天然木材削成薄片是為木皮。將其貼在木頭上加工則為「貼皮」，內面附有接著劑，可以簡單黏貼，貼好後就像真正的傢具一般。

寬45mm的貼皮有各式各樣的樹種可以選擇。在網路上也買得到（45X90公分2000日圓起），這裡使用的是胡桃木皮。

1 在架子的外側貼皮

準備做好的匚字型桌上架

裁切木皮。將架子放上，在四周多出10mm的地方做記號

對著記號裁切

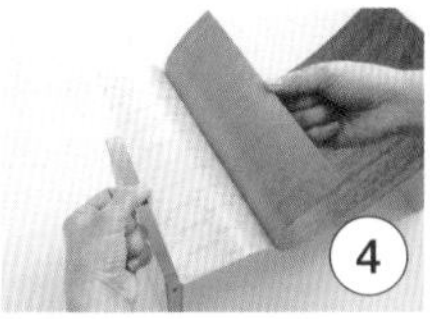

貼在架子上。將木皮貼紙分開7～10公分

將木皮放在架子上並突出前端10mm

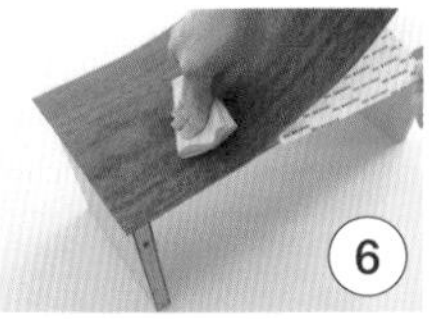

邊撕貼紙邊用布壓著貼

為了不讓空氣進入，一邊將布八字移動一邊貼

將貼面向下放置，突出的部分用美工刀裁掉（能不能漂亮完成這裡是關鍵！）

同樣的，在桌面、對面的側面板與外側的三面貼皮

2 內側貼皮

將裁切好的木皮與內側上端對齊

邊撕貼紙邊用布壓著貼

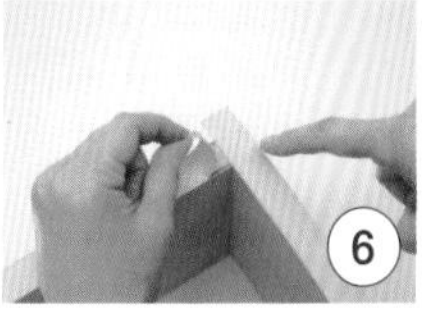

將桌面的木紋貼布撕開大約2公分，拿掉重疊的部分

「對貼」完成！

在貼面加上夾板，凸出來的部分用美工刀裁切

coordinate 06

既成熟又可愛的藍色（左）

藍色既成熟又可愛，是很好搭配的顏色。所以在P.22使用的「g」以黑色為基礎，接著盆栽→抱枕→地毯的式樣，利用串聯做搭配，而具有高度的漂流木擺飾則是亮點。再利用木芯板DIY也做附門片的櫃子。
（全部為私人物品）

coordinate 05

聚集雅致的愛好角落（右）

胡桃木是看起來雅致的材質。將讓人平靜的陶器與器皿聚在一起當裝飾，具有古道具店風情的角落，完成！

3 將切面貼皮

預先剪好寬2.5公分的貼皮，貼在切面（1.8公分）上

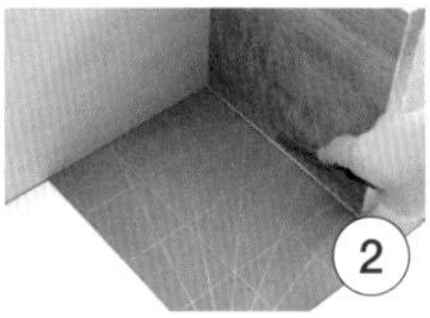

將貼面向下放置，突出的部分用美工刀裁掉

貼皮重疊的部分以45°裁切，成為「對貼」的樣式

切面貼皮完成！

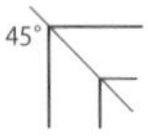

g

遮蔽窗簾的作法

不用縫紉，用熨斗貼布就可以完成的簡易窗簾。上下的反折多一些，看起來更有份量。（對照P.104）

事前準備
A.測量窗戶的尺寸，決定想要的大小
B.依照A計算需要的布料裁切放好
※果夏小姐家完成後的尺寸〔上下96公分、左右90公分〕

材料
- 布料A（棉布・白）
- 布料B（棉布・海軍藍）
- 熨斗貼布
- 貼燙布條（黑）
- 剪刀、熨斗、尺

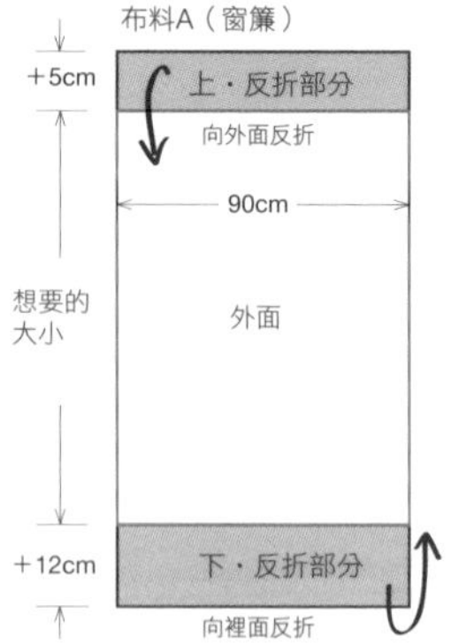

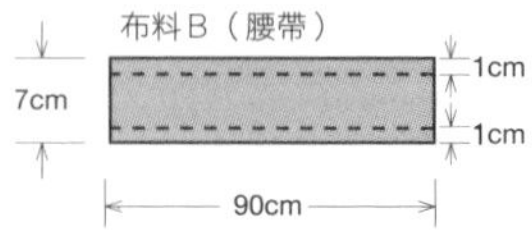

將布料A的上方向外折50公分

布料B上下各向中間折，製作寬5公分的布條，放在布料從上向下4.5公分處

將布料B以熨斗固定。（可以讓桿子通過的軌道完成）下方往裡面折12公分，用熨斗貼布固定

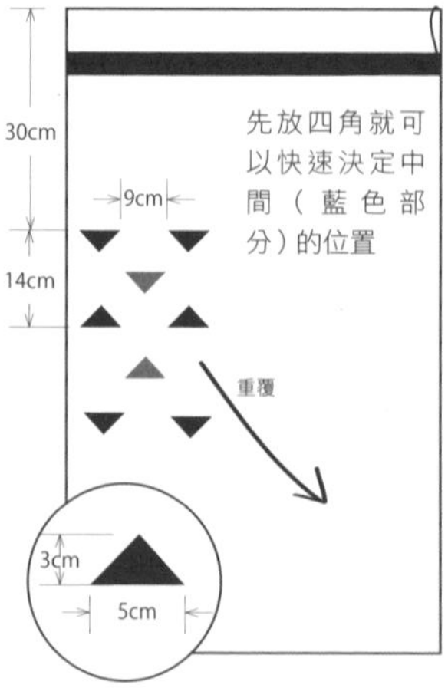

想要有摺痕的話，左右尺寸加大些。高度則依窗戶而定。這次對應70公分左右的窗戶，直接使用寬90公分的布料。如果上下想要有點不完美感，可以做得比窗戶小一點。

將要做成圖案的貼燙布條剪成△

將反面向上並墊上一塊布後熨燙

將貼紙撕除，用布壓著貼緊

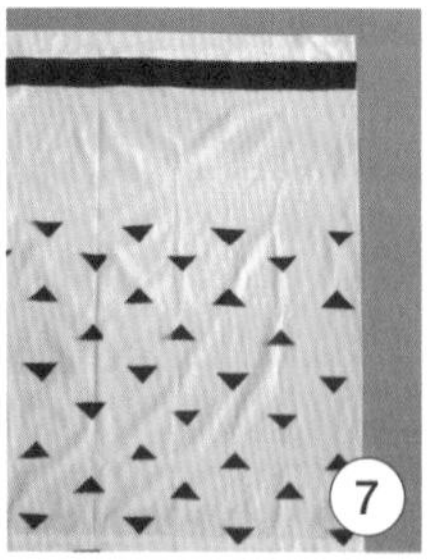

以喜愛的間距將△加上之後就完成了！就像印度的壓花一般，形狀有點不一樣更有味道

字母的作法

利用不穿的衣服製作字母擺飾。將快樂的回憶做成形狀，而且很簡單。（對照P.105）

材料
- 不要的衣服
- 厚紙板
- 紙樣（用印刷紙做）
- 裁紙刀或剪刀
- 熱熔膠槍或雙面膠帶等
- 釘槍或釘書機等

※照片的物品為寬18.5×高25×厚2公分。

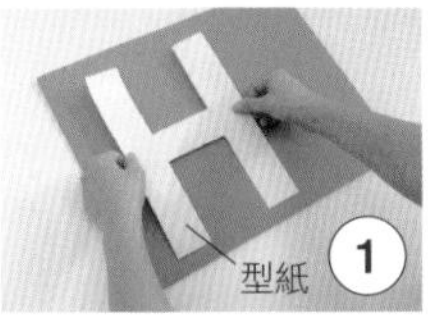

製作喜歡的字母紙樣，放在厚紙板上畫線

將畫線的部分用裁紙刀裁切

以同樣的方式裁切3～4個，以熱熔膠鎗或雙面膠帶黏起來至2公分厚

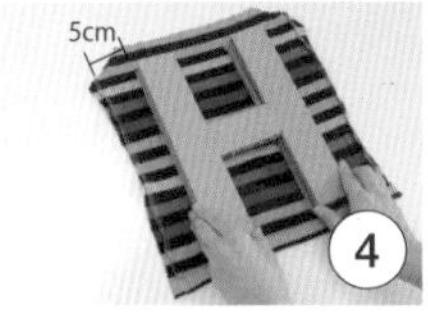

裁切好的紙板放在不要的衣服上，四周多留5公分後裁剪。（請注意，如果沒有多留的話就無法收邊）

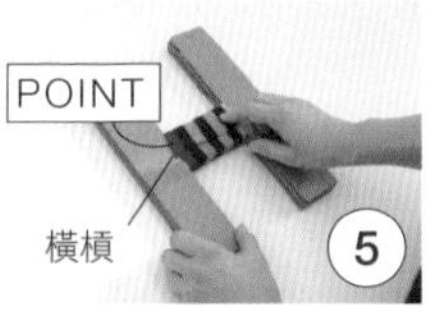

橫槓的部分用預先準備好的布包上就能漂亮的完成

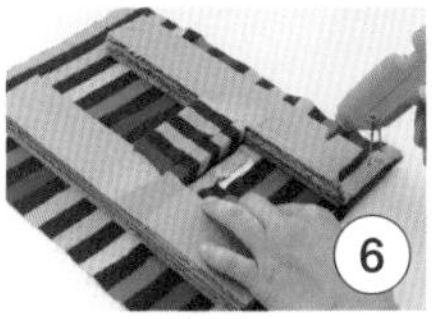

在紙板的反面和側面滴上熱熔膠，並用布包起來（從直線或長邊開始做比較容易）

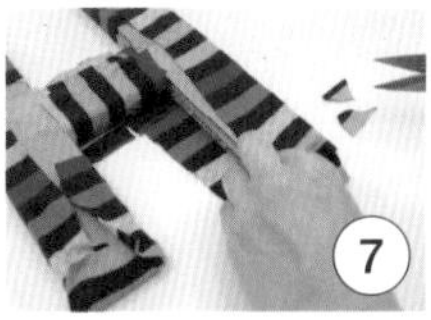

將多留的布一邊剪一邊包起來，調整字母的形狀（依據布料的伸縮與字母的形狀，包法會改變，請隨機應變）

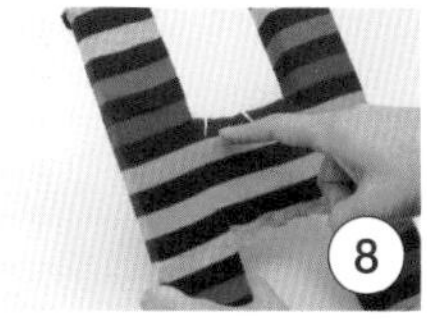

不時確認表面，跟著橫槓的部分包，就能漂亮完成

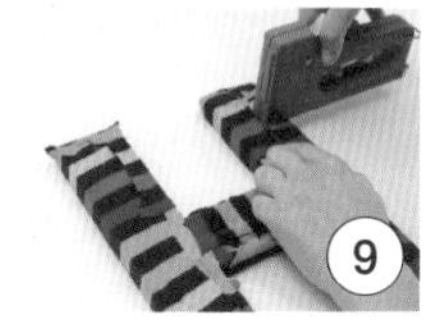

最後將裡面多餘的布用釘槍固定

結語

不管什麼時候我們能回的家只有一個、
一直以來的那個家。
「我回來了」當打開家門時，
可能是覺得「啊～」或著是「哇～」。

即使是不會留下記憶的一瞬間，
但是如果重複100次、
1000次的「哇」，
一點一滴，滴水穿石，
心中的幸福感也慢慢的濃厚起來。

室內設計的作用就是在家中打造出讓人感到
「哇～」的畫面，不論大或是小，
如果將廚房有品味的整理，

即使是疲累時，回家也能感到放鬆，

客廳的完成度高，當說「我回來了」踏入房子時，就能綻放笑容。

將牆壁上色，房間變得美麗，

困難的彩色圖案窗簾，改成薄紗就簡單了，

生活的凌亂感就用室內設計視角藏起來……。

透過這些技巧，希望大家能找到家中房子沈睡的「可能性」，

所以寫了這本書，

當眼前的「可能性」很寬廣，人就會變得耀眼，

而能抬頭挺胸變得開朗，

希望不論對誰來說都是最重要的家，

能夠比起任何地方都要亮眼，讓自己感到更充實，

即使時光流逝，世界快速轉變，家永遠是帶來安心感的地方。

川上ユキ

yl.

圖解完全通 19

家，不用重新裝潢就有風格

讓住慣雜亂的家能華麗變身的設計提案100

作者　川上雪（Yuki Kawakami）
譯者　張景威
責任編輯　李與真
封面設計　莊佳芳
美術設計　詹淑娟
版權專員　吳怡萱
行銷企劃　呂睿穎

發行人　何飛鵬
總經理　李淑霞
社長　林孟葦
總編輯　張麗寶
副總編輯　楊宜倩
叢書主編　許嘉芬
出　版｜城邦文化事業股份有限公司麥浩斯出版
地　址｜104 台北市中山區民生東路二段141 號8 樓
電　話｜（02）2500-7578
傳　真｜（02）2500-1916
E-mail｜cs@myhomelife.com.tw
發　行｜英屬蓋曼群島商家庭傳媒股份有限公司城邦分公司
地　址｜104 台北市民生東路二段141 號2 樓
讀者服務專線｜（02）2500-7397；0800-020-299（週一至週五AM09:30 ～ 12:00；PM01:30 ～ PM05:00）
讀者服務傳真｜（02）2578-9337
E-mail｜service@cite.com.tw
訂購專線｜0800-020-299（週一至週五上午09:30 ～ 12:00；下午13:30 ～ 17:00）
劃撥帳號｜1983-3516
劃撥戶名｜英屬蓋曼群島商家庭傳媒股份有限公司城邦分公司

香港發行｜城邦（香港）出版集團有限公司
地　址｜香港灣仔駱克道193 號東超商業中心1 樓
電　話｜852-2508-6231
傳　真｜852-2578-9337
電子信箱｜hkcite@biznetvigator.com

馬新發行｜城邦(馬新) 出版集團Cite (M) Sdn Bhd
地　址｜41, Jalan Radin Anum, Bandar Baru Sri Petaling,
57000 Kuala Lumpur, Malaysia
電　話｜（603）9057-8822
傳　真｜（603）9057-6622
製版印刷｜凱林彩印股份有限公司
版　次｜2018年6月初版一刷
定　價｜新台幣380元

國家圖書館出版品預行編目 (CIP) 資料

家，不用重新裝潢就有風格：讓住慣雜亂的家能華麗變身的設計提案 100 / 川上雪作；張景威譯 . -- 初版 . -- 臺北市：麥浩斯出版：家庭傳媒城邦分公司發行，2018.06

面；　公分 . -- (圖解完全通；19)

ISBN 978-986-408-394-7(平裝)

1. 家庭佈置 2. 室內設計 3. 空間設計

422.5　　107009363